Felipe Augusto Krsulovic
Fernanda Araujo Casares
Mauricio Lima

Ekologia najnowszej historii brazylijskich ludów tubylczych

Felipe Augusto Krsulovic
Fernanda Araujo Casares
Mauricio Lima

Ekologia najnowszej historii brazylijskich ludów tubylczych

Wydawnictwo Bezkresy Wiedzy

Cover image: www.ingimage.com

Publisher:
Wydawnictwo Bezkresy Wiedzy
is a trademark of
International Book Market Service Ltd., member of OmniScriptum Publishing Group
17 Meldrum Street, Beau Bassin 71504, Mauritius

Printed at: see last page
ISBN: 978-620-0-54627-2

Ekologia najnowszej historii brazylijskich ludów tubylczych

Spis treści

Streszczenie

W latach siedemdziesiątych XX wieku rdzenne narody brazylijskie zaczęły się odbudowywać po wielowiekowym spadku liczby ludności. Pomimo wielu badań prowadzonych przez brazylijskie narody tubylcze, nie wiadomo jednak, jakie są interakcje między wielkością populacji a obserwowanymi zmianami społecznymi, gospodarczymi i politycznymi w zakresie odbudowy. Teoria ekologii populacyjnej przewiduje trzy podstawowe wzorce ożywienia w zakresie wpływu wielkości populacji na dynamikę: współpracę wewnątrzspecjalistyczną (pozytywny efekt wielkości populacji), konkurencję (efekt negatywny) i wzrost wykładniczy (brak efektu wielkości populacji). Przeanalizowaliśmy dynamikę i najnowszą historię 25 rdzennych populacji. Rdzenne narody są umieszczane w skomplikowanych scenariuszach. Zastosowaliśmy również podejście przekrojowe, aby zrozumieć, jak zmienne (m.in. wylesianie, bogactwo diety) oddziałują na wielkość populacji. Stwierdziliśmy, że brazylijskie ludy tubylcze opisały trzy rodzaje dynamicznych zachowań, napędzanych głównie przez zmiany w naturze. Wielkość populacji, opieka zdrowotna, liczba terytoriów rdzennych i wylesianie mogą mieć wpływ na odzyskanie dynamiki rdzennych mieszkańców.

Wprowadzenie

Tło

Rdzenna ludność amerykańska doświadczyła drastycznego spadku i powszechnej akulturacji po przybyciu i rozszerzeniu osadnictwa Europejczyków od końca XV wieku (Ribeiro 1956). Konserwatywne szacunki dotyczące rdzennej ludności Brazylii, która przed kontaktem z nią zgłosiła się do około trzech milionów osób posługujących się 1000 różnych języków (Melatti 1993). Po 500 latach kontaktu rdzenne populacje są obecnie szacowane na niewiele ponad 800 000 osobników, przy czym utrzymuje się około 180 języków (IBGE 2010).

Ekspansja imperiów europejskich na rdzenne terytoria doprowadziła do konfliktów na gruntach, niewolnictwa i rozprzestrzeniania się chorób, co przyczyniło się do wyludnienia, emigracji i wymarcia rdzennych grup ludności. Granice kolonialne Brazylii rozszerzyły się od wybrzeża Atlantyku, regionu pierwszego kontaktu, a głównymi zakłóceniami były rolnictwo na południu, hodowla zwierząt na północnym wschodzie i przemysł wydobywczy na północy. Na południu, monokultury trzciny cukrowej, a następnie kawy, po ekstrakcji z drzewa brazylijskiego (*Caesalpinia echinata*), gatunku obecnie zagrożonego. Na północnym wschodzie, wprowadzone bydło europejskie wyprzedziło autochtoniczne zwierzęta łowne; zmusiło to rdzenne populacje do "polowania" na obce bydło, prowokując gwałtowne konflikty między rdzennymi mieszkańcami i kolonizatorami. Światowe zapotrzebowanie na lateks w latach 1850-1910 doprowadziło do znacznej emigracji (również pod wpływem długiej suszy) z północnego wschodu do Amazonii, spychając regionalne granice w kierunku rodzimych terytoriów. Rozwój tych granic miał te same ogólne skutki dla wielu grup ludności rodzimej: wyludnienie, emigracja i wyginięcie. W wielu przypadkach tubylcy, którzy uciekali przed chorobami i gwałtownymi konfliktami, podróżowali przez terytoria swoich przedkolonialnych wrogów, przenosząc tym samym choroby Starego Świata poza granice kolonialne. Doprowadziło to do dalszej relokacji, co z kolei zakłóciło produkcję żywności. Bez wystarczającej ilości czasu na zasadzenie i zebranie plonów, populacje bardziej polegały na polowaniu i zbieraniu plonów, co powodowało stres pokarmowy. (Ribeiro 1970).

Walka partyzancka z kolonizatorami, wysoki wskaźnik urodzeń i przesiedlenia pomogły rdzennym mieszkańcom przetrwać do XX wieku (Ribeiro 1970, Instituto Socioambiental 2011). Wartość ekonomiczna ziemi może być najważniejszym czynnikiem wpływającym na trwałość demograficzną tych narodów (Ribeiro 1970). Aż do początku XX wieku narody z regionu środkowo-zachodniego zajmowały ziemie, które miały niewielką lub żadną wartość gospodarczą dla rządu brazylijskiego. Jednak od połowy XX wieku rząd stara się tworzyć połączenia między różnymi regionami, w związku z czym wzrosła wartość ekonomiczna terytoriów tubylczych, a granice regionalne uległy przesunięciu (De Oliveira i De Oliveira 2011). Te postępy z kolei ograniczyły działalność tubylców na ich własnym terytorium (Nilson i Fearnside 2011) i zmusiły ich do przyjęcia bardziej siedzącego stylu życia. Zniszczenie otaczających je siedlisk i siedzącego trybu życia doprowadziło do zmniejszenia lokalnych naturalnych zasobów zwierząt (ważne źródło białka pokarmowego), degradacji ważnych źródlisk oraz zwiększyło wkład rolnictwa w utrzymanie się (Garfield 2001, Junior *i in.* 2002, Crocker 2002, Grahan 2008). Wszystkie te czynniki miały negatywny wpływ na zdrowie ludów tubylczych (Orellana *i in.* 2006, Pagliaro *i in.* 2009). Choroby miały dalszy wpływ na już i tak niedożywioną ludność i zmniejszyły wielkość i wydajność siły roboczej, a tym samym jej dochody z rolnictwa (Ribeiro 1956, 1970). Rozszerzenie granic regionalnych w latach 1940-1960 doprowadziło do nowego okresu wyludnienia dotychczas odizolowanych ludów. Wiele populacji rozpadło się i zniknęło, podczas gdy inne były bliskie wyginięcia, osiągając populacje liczące mniej niż 70 osobników.

W ostatnim stuleciu Ameryka Łacińska doświadczyła zmiany politycznej w kierunku ochrony praw ludności tubylczej (McSweeney i Shahna 2005), szczególnie w Brazylii w latach 50. i 60. ubiegłego wieku, osiągając szczyt wraz z powstaniem Parque Indígena do Xingu (PIX) w 1961 roku. PIX został utworzony w 1961 roku, choć obecnie jest to jedna dziesiąta jego pierwotnej wielkości (Villas Bôas i Villas Bôas 1994). PIX jest obecnie podzielony na ośrodki administracji lokalnej, z których wszystkie są prowadzone przez ludność rdzenną. Istnieją 4 ośrodki skupiające się na pomocy medycznej oraz 4 inne, które zajmują się monitorowaniem granic PIX-owych. Rocznie dystrybuowanych jest ponad 20 szczepionek, a warunki zdrowotne są często monitorowane (Instituto Socioambiental 2011). Ta zwiększona uwaga poświęcona opiece zdrowotnej i pomiarom wskaźników zdrowotnych obniżyła wskaźnik umieralności niemowląt, dzięki czemu jest on obecnie podobny do wskaźnika krajowego, a prawie połowa z nich dotyczy innych grup autochtonicznych niebędących PIX-em.

W ciągu ostatniego stulecia w programach rządowych mających na celu ochronę praw ludności tubylczej w Brazylii zaszły liczne zmiany. Około 1910 r. rząd utworzył SPI, a wkrótce potem część populacji zaczęła się odbudowywać (np. Ramkokamekrá). W 1967 roku FUNAI zastąpił SPI w ochronie praw ludów tubylczych (Ribeiro 1970). Ogólnie rzecz biorąc, filozofia SPI i części FUNAI polegała na integracji rdzennej ludności w Brazylii. Doprowadziło to jednak do braku szacunku dla wielu z ich tradycyjnych stylów życia (Ribeiro 1970, Instituto Socioambiental 2011). Obie administracje zamierzały zintegrować ludność rdzenną z gospodarką regionalną poprzez wspieranie rozwoju zmechanizowanego rolnictwa na dużą skalę (Junior 1989, Flowers 1994, Garfield 2001, Crocker 2002). Ten ruch w kierunku zmechanizowanej produkcji żywności okazał się jednak fiaskiem, a wiele rdzennych narodów cierpiało z powodu braku żywności i musiało wrócić do swoich dawnych systemów rolniczych. Zwiększony oficjalny kontakt z ludnością rdzenną zwiększył również ich kontakt z produktami uprzemysłowionymi i zagranicznymi produktami rolnymi, a także umieścił rdzenne narody u podstaw piramidy gospodarczej. Zmiany te doprowadziły również do zaprzestania konfliktów międzypaństwowych (Ribeiro 1970, Villas Bôas i Villas Bôas 1994). W 1999 r. nastąpiła kolejna zmiana, gdy system opieki zdrowotnej dla ludności tubylczej przeszedł z FUNAI do brazylijskiego Ministerstwa Zdrowia (Instituto Socioambiental 2011). Podsumowując, po oficjalnych kontaktach z instytucjami brazylijskimi, głównie w latach 1950-1970, liczba ludności narodów tubylczych zmniejszyła się z powodu narażenia na choroby i/lub przeniesienia do rezerwatów. Lepsza opieka zdrowotna zwiększyła wzrost liczby ludności i pozwoliła na stworzenie większej liczby wiosek w obrębie terytoriów tubylczych (IT). Uznanie i homologacja terytoriów zapobiegły degradacji siedlisk poprzez spowolnienie rozwoju granic rolniczych.

Po 22 latach dyktatury, konstytucja brazylijska z 1988 roku wyraźnie zagwarantowała prawa narodów tubylczych do terytorium i dostępu do podstawowej opieki zdrowotnej. Od tego czasu terytoria tubylcze (IT) poszerzyły się jeszcze bardziej i obecnie zajmują 13% powierzchni kraju (Instituto Socioambiental 2011). Społeczności autochtoniczne zaczęły otrzymywać lepszą pomoc zdrowotną i dotacje rządowe, które zmniejszyły wskaźniki umieralności i pozwoliły na poprawę sytuacji demograficznej ze średnią około 3% rocznie (szacowaną przez co najmniej 50 krajów autochtonicznych), co jest wartością znacznie wyższą niż wskaźniki krajowe (Melatti 1993; Ricardo 2000; Pagliaro *i in.* 2005; Instituto Socioambiental 2011; IBGE 2014). Wzrost ten doprowadził do tego, że wiele narodów odzyskało przedkontaktowy poziom populacji, co pozwoliło im na zachowanie integralności społecznej i kulturowej (Pozzobon 1994).

Niemniej jednak rdzenne narody brazylijskie nadal wytrzymują wyższe obciążenie chorobami i wyższy poziom śmiertelności, a także niższą średnią długość życia niż populacje nierodzime (Junior 1985, 1989; Junior i Santos 1991; Fagundes *i in.* 2004; Orellana *i in.* 2006). Informatyka podlega niszczeniu siedlisk (rys. 1) i konfliktom na gruntach wynikającym z nielegalnej działalności górniczej i wyrębu lasów oraz rozszerzania granic rolnych, w szczególności w przypadku gospodarstw rolnych i dużych gospodarstw rolnych[1] (Villas Bôas i Villas Bôas 1994; Flowers 1994; Junior *et*

[1] Rolnictwo i hodowla stanowią obecnie ponad 23% rocznego PKB Brazylii.

al. 2002; Baruzzi 2005; Fearnside 2005; Paula 2005; Barbosa *et al.* 2008; Filho i de Souza 2009; Lemos i Silva 2011). Rolnictwo i hodowla bydła na dużą skalę są odpowiedzialne za 80% wylesiania w regionie Amazonii i stanowią główne zagrożenie dla rdzennych grup ludności. Zmiany te służą podważeniu wszelkich korzyści dla społeczności tubylczych, jakie przynosi wyznaczenie przez rząd ich terytoriów i poprawa dostępu do opieki zdrowotnej (Ribeiro 1970; ryc. 1).

Wylesianie ma miejsce po wybudowaniu dróg urzędowych, a następnie nielegalnych dróg, które przechodzą przez wiele różnych biomów i obszarów tubylczych. Nielegalne drogi drugorzędne zapewniają dostęp do dziewiczych obszarów przyrodniczych głównymi legalnymi drogami. Nielegalne praktyki pozyskiwania drewna prowadzą do pozyskiwania najbardziej dochodowych gatunków drzew na danym obszarze, zmniejszając tym samym jego wartość pieniężną. Po oczyszczeniu z ognia w celu zwiększenia wartości gruntów, obszary te są sprzedawane przedsiębiorstwom rolnym i hodowlanym (Fearnside 2005, Barbosa *i in.* 2008, Lemos *i in.* 2011).

Zasady ekologiczne

Wiele badań dotyczyło roli cech historii życia, np. wielkości rodziny, wieku pierwszego syna, wieku małżeństwa, m.in. cech ważnych dla sprawności fizycznej (Hotz i Miller 1988; Pennington i Harpending 1988; Kaplan 1996; Hill i Kaplan 1999; Ricardo 2000; Pagliaro 2002; Maia *i in.* 2004; Pagliaro i Junqueira 2007; Machado i *in.* 2009; Pagliaro *i in.* 2009), chorób (Ribeiro 1956, 1970; Orellana *i in.* 2006; Instituto Socioambiental 2011), klimat (Lima 2014; Lima *i in.* 2016), degradacja siedlisk (Garfield 2001; Filho i de Souza. 2009; Instituto Socioambiental 2011), strategie żywienia i żerowania (Belovsky 1988; Balée 1992; Smith i Winterhalder 2003) w odniesieniu do populacji ludzkich, a w szczególności w odniesieniu do społeczności myśliwych-zbieraczy i ogrodniczych (Early i Peters 1990; Hill i Hurtado 1996; Walker *i in.* 2006; Hamilton *i in.* 2009). Jednak tylko nieliczni jednocześnie zajęli się potencjalnym wpływem interakcji wielkości populacji i zmiennych egzogenicznych na dynamikę populacji (Hamilton *i in.* 2009; Lima i Berryman 2011; Lima 2014; Lima *i in.* 2016).

Teoria ekologii ludności przyjmuje zasady z teorii systemów dynamicznych, która identyfikuje zarówno procesy endogenne, jak i egzogenne, które mogą wpływać na dynamikę każdej zmiennej (Royama 1992; Berryman 1999; Turchin 2001; Hopfenberg 2003). Procesy endogeniczne zachodzą wtedy, gdy zmienna wpływa bezpośrednio lub pośrednio (poprzez inną zmienną) na własne tempo zmian i dynamikę, jak w interakcji drapieżnik-potwór. Proces egzogeniczny ma miejsce wtedy, gdy zmienna wpływa na inną, ale efekt ten nie ustępuje, np. zmienne klimatyczne, klęski żywiołowe, wprowadzenie gatunków inwazyjnych i wojny mogą wpływać na dynamikę populacji (Lima i Berryman 2011; Lima 2014; Lima *i in.* 2016).

Teoria ekologii populacji dyktuje, że w sprzyjającym i stałym środowisku każda populacja może rosnąć wykładniczo (Ginzburg 1986; Royama 1992; Berryman 1999). W tym przypadku stopa odzysku jest stała i niezależna od wielkości populacji. Istnieją dwa podstawowe odchylenia od wzrostu wykładniczego: (1) gdy wielkość populacji zwiększa przydatność środowiskową, na przykład poprzez działania w ramach współpracy (współpraca wewnątrzregionalna) w stresowym środowisku (Allee 1932; Berryman 1999; Luděk *i in.* 2006); oraz (2) gdy wielkość populacji ma negatywny wpływ na przydatność środowiskową (konkurencja wewnątrzregionalna), na przykład poprzez zmniejszenie dostępnych zasobów per capita (Malthus 1798; Verhulst 1838; Allee 1932; Royama 1992; Berryman 1999; Turchin 2001; Hopfenberg 2003; Luděk *i in.* 2006). Podsumowując, dodanie osobników do populacji może poprawić lub zmniejszyć przydatność środowiskową (Malthus 1798; Verhulst 1838; Royama 1992; Berryman 1999; Turchin 2001; Hopfenberg 2003). Ponadto, zmienne endogenne i egzogenne mogą oddziaływać na siebie, wpływając na dynamikę populacji ludzkich (Lima i Berryman 2011; Lima 2014; Lima *i in.* 2016).

Te ekologiczne zasady i modele zostały wykorzystane do zbadania i wyjaśnienia ludzkiej dynamiki okresów przed- i postindustrialnych, od małych niehierarchicznych społeczeństw do wielkich imperiów (Royama 1992; Berryman 1999; Turczyn 2001; Lima i Berryman 2011). Biorąc pod uwagę wpływ czynników ograniczających i potencjalnych pętli sprzężenia zwrotnego (patrz poniżej), dążymy do skorelowania ostatnich wydarzeń historycznych z demografią 25 brazylijskich narodów tubylczych oraz do zbadania interakcji pomiędzy zmiennymi egzogenicznymi a wielkością populacji w celu wyjaśnienia zaobserwowanych przez nie wskaźników wzrostu populacji z perspektywy Teorii Ekologii Populacji (Royama 1992; Berryman 1999; Turczyn 2001; Lima i Berryman 2011). Naszym celem było również omówienie głównych czynników wpływających na ogólną dynamikę populacji brazylijskiej jako scenariusza wyjściowego, w którym rdzenna dynamika ma swoje miejsce.

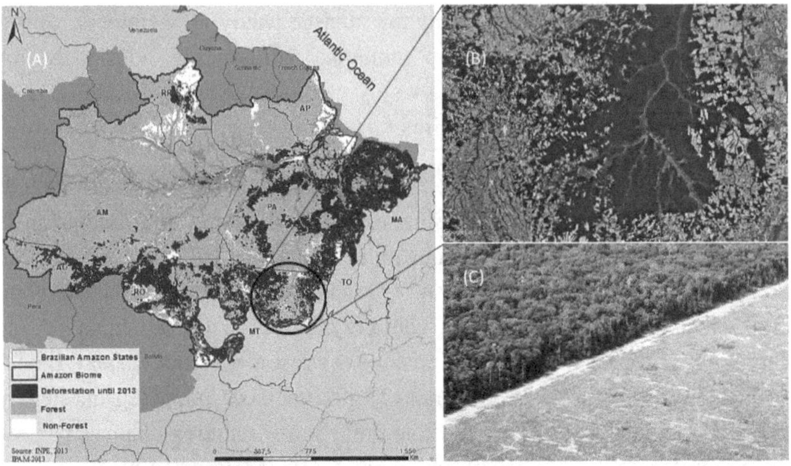

Rysunek 1. A) Obszary wylesione (ciemnoszare) w Amazonii Legal (AL) do 2013 r. AL jest regionem makro-ekonomicznym i środowiskowym. Składa się on z gęstego,ombrofilnego biomu w północnej Brazylii i składa się z regionu przejściowego (środkowo-zachodniego) do innych biomów, takich jak m.in. sawanna (Cerrado), półzdecydowanego. W ostatnich dekadach, po brazylijskich drogach urzędowych (Brando i in. 2013), granice rolnicze przesuwały się z regionu środkowo-zachodniego na północny. (B) Parque Indígena do Xingu (PIX, w kolorze ciemnoszarym) otoczony wylesianymi obszarami (jasnoszary, źródło: Google Earth, uzyskany w dniu 14 stycznia 2018 r.). (C) Zdjęcie przedstawiające granicę PIX z obszarem rolniczym uzyskane z Instituto Socioambiental (2011).

Metody

Przeanalizowaliśmy dynamikę 25 brazylijskich ludów tubylczych i ogólną liczbę ludności Brazylii. Wybraliśmy kraje o co najmniej pięciu rekordach liczebności populacji w okresie od 1930 do 2010/12 roku. Skoncentrowaliśmy się na relacji między wskaźnikiem zmian w populacji per capita (R), wielkością populacji oraz zmiennymi zewnętrznymi. R może być oszacowane jako naturalny stosunek logarytmiczny pomiędzy kolejnymi wielkościami populacji lub jako naturalna różnica logarytmiczna pomiędzy naturą a śmiertelnością w populacji zamkniętej (Royama 1991; Berryman 1999).

Korzystając z zasad teorii dynamiki systemu i interakcji biologicznych, ekologowie populacji opracowali ramy dla zbadania wkładu różnych czynników w dynamikę populacji. R mierzy średnią (tj. w przeliczeniu na jednego mieszkańca) sprawność fizyczną populacji, tj. sposób, w jaki przeciętny człowiek radzi sobie w populacji. W związku z tym, R może być używane jako wskaźnik zastępczy standardu życia na osobę. W sprzyjającym środowisku i przy wystarczających zasobach jednostki mają więcej dzieci i przeżywają przez dłuższy czas (R jest pozytywne) niż w niekorzystnych warunkach środowiskowych (R jest negatywne) (Royama 1991; Berryman 1999).

Pogląd endogeniczny zakłada, że wraz ze wzrostem populacji jednostki mogą stać się bardziej efektywne w pozyskiwaniu pożywienia, znajdowaniu partnerów seksualnych (tj. zmianie stosunku płci), a także w ochronie przed drapieżnikami (Allee 1932; Berryman 1999; Luděk i Courchamp 2006; Gregory *i in.* 2010). Wzrost liczby ludności może pozwolić na lepszą organizację pracy (Boserup 1965, 1981), obniżenie kosztów i zwiększenie korzyści z działalności gospodarczej i społecznej, które są ważne dla trwałości społecznej i kulturowej każdej ludności tubylczej. Wzrost populacji poprawia standardy życiowe jednostki, a tym samym przyspiesza jej własne tempo wzrostu (R). Oznacza to proces pozytywnego sprzężenia zwrotnego znany biologicznie jako współpraca wewnątrzspecjalistyczna (Berryman 1999).

Współpraca demograficzna jest jednak niestabilna; nie może trwać w nieskończoność. Pozytywne efekty demograficzne nagromadzonych wspólnych działań w końcu osiągają maksimum dla danego środowiska. Jakość życia spada i wchodzi w nową fazę, w której wzrost liczby ludności jest niezależny od jej wielkości. Populacje te charakteryzują się wykładniczym wzorcem wzrostu, który jest również niestabilny, ponieważ populacja nie może rosnąć w nieskończoność (Royama 1992; Berryman i Turczyn 2001; Ginzburg 1986; Turczyn 2001).

Niemniej jednak, wraz ze wzrostem populacji, jednostki mogą stanąć w obliczu ograniczenia podaży zasobów per capita (np. przestrzeni lub żywności), inicjując spadek wskaźnika zmian w populacji per capita (R). Proces ten znany jest jako konkurencja wewnętrzna, a populacje te wykazują logistyczny wzorzec wzrostu (Ginzburg 1986; Berryman 1999; Berryman i Turczyn 2001; Lima i Berryman 2011; rys. 2).

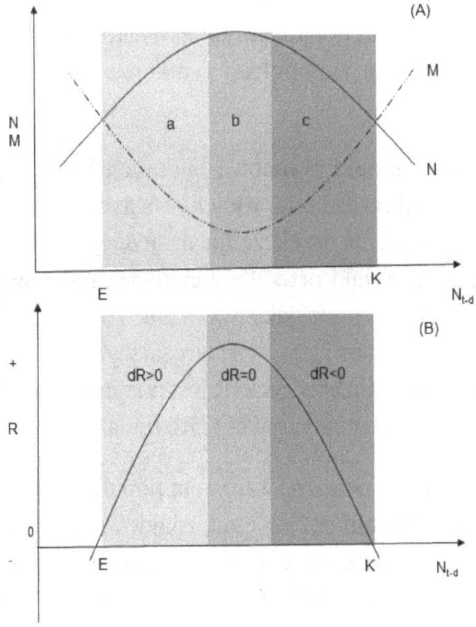

Rysunek 2. (A) i (B) Teoretyczna zależność między współczynnikami umieralności (N), umieralności (M) i współczynnikiem zmiany na mieszkańca, R, przy poprzedniej wielkości populacji, Nt-d. R jest szacowane jako naturalna różnica logarytmiczna pomiędzy współczynnikami N i M w bliskiej populacji (R = Ln(N - M + 1)). Przedstawione są trzy fazy. W fazie kooperacji, gdy krzywe naturalizmu i śmiertelności odbiegają od krzywych E, następuje przyspieszenie niestabilnej wielkości równowagi i R. W b, N i M są stosunkowo stałe, a wielkość populacji i jej przyrosty wykładniczo. W c, fazie zawodów, krzywe N i M przybliżają się do osiągnięcia K, czyli stabilnej wielkości równowagi. W fazach a, b i c występują dodatnie, zerowe i ujemne zbocza pomiędzy R i Nt-d (dR), odpowiednio (B). Zmodyfikowany od Berrymana (1999). Proces egzogeniczny zachodzi, gdy zmienna wpływa na inną, nie będąc jednak pod wpływem wywoływanych przez nią zmian (Royama 1992; Berryman i Turczyn 2001), np. zmiennych klimatycznych, zmian

politycznych, niszczenia siedlisk, wprowadzania chorób i szczepionek (Lima 2009; Lima i Berryman 2011).

Możemy podsumować ogólną funkcję R dla każdej populacji (Royama 1992; Berryman 1999):

$$R \quad \text{-function}\sim(N_{t-d}, Z \quad \text{mienne egzogeniczne}) \tag{1}$$

R jest niezdefiniowaną funkcją endogenną (N_{t-d} gdzie t-d jest opóźnieniem czasowym) i procesów egzogenicznych.

Procesy endogeniczne (N_{t-d}).

Dążyliśmy do zidentyfikowania narodów o podobnych zachowaniach w zakresie R z wielkością populacji (współpraca wewnątrzgrupowa, konkurencja i gwałtowny wzrost). Ze względu na małą liczbę obserwacji przypadającą na jeden naród, najpierw zbadaliśmy wizualnie zależność między R a wielkością populacji dla 25 narodów. W zależności od tego, czy wskaźnik R spadł, zwiększył się, czy też pozostał względnie stały wraz z wielkością populacji, klasyfikowaliśmy narody odpowiednio jako konkurencję wewnątrzgrupową, współpracę i wykładniczy model wzrostu. Aby wesprzeć naszą klasyfikację, najpierw przeanalizowaliśmy szereg czasowy Mucaji Yanomami, który obejmuje 60 lat danych rocznych. Następnie pogrupowaliśmy narody, które wykazywały takie samo zachowanie i dopasowaliśmy następujące dyskretne modele (Verhulst 1838; Gregory *i in.* 2006), które uchwyciły zasady wewnątrzpopulacyjne:

$$R = Rmax(1 - (N_{t-1}/K))^{Q} \tag{2}$$

$$R = Rmax((N_{t-1}/E) - 1)^{T} \tag{3}$$

$$R = Rmax((N_{t-1}/E)-1)(1-(N_{T-1}/K)) \tag{4}$$

Eq.2, Eq.3 i Eq.4 wychwytują, odpowiednio, konkurencję wewnętrzną, współpracę i oba zachowania. R to wskaźnik zmian w populacji per capita, R_{max} reprezentuje maksymalny wskaźnik zmian per capita, to N_{t-1} wielkość populacji w poprzedniej obserwacji, K to zdolność nośna, tzn. stabilna wielkość populacji określona przez podaż zasobów w środowisku i zapotrzebowanie kaloryczne jednostek na przetrwanie i rozmnażanie. Co więcej K, jednostki cierpią z powodu niedoboru żywności, a śmiertelność jest wyższa niż w naturze, co prowadzi do spadku liczby ludności. Poniżej znajduje K się wystarczająca nadwyżka zasobów, a populacja rośnie. Q jest to termin nieliniowy, który odzwierciedla intensywność wewnątrzswoistej konkurencji wokół K . E oznacza niestabilną wielkość populacji równowagi, gdzie, jeśli jest większa, populacja zawsze rośnie, a jeśli mniejsza, ma tendencję do wymierania; T przedstawia jak szybko populacja odchyla się od niestabilnej wielkości równowagi (Berryman 1999).

Zbadaliśmy również wzorce narodowościowe, śmiertelność i wskaźniki migracji w celu określenia, które z nich przyczyniły się do zaobserwowanych zachowań R dla Kawaiweté, Ikpeng, Kamaiurá i Kisędź, narodów, dla których dostępne są dane. Zastosowaliśmy Regresję Częściową Najmniej Krotną (PLSR), z poziomami R jako zmiennymi odpowiedzi oraz składowymi demograficznymi i wielkością populacji jako zmiennymi eksploracyjnymi. PLSR jest rozszerzeniem analizy regresji wielokrotnej i jest użyteczny, gdy liczba zmiennych eksploracji jest większa lub zbliżona do liczby obserwacji. PLSR grupuje nie-zależne zmienne rozpoznawcze na ortogonalnych gradientach liniowych maksymalizujących kowariancję między punktami i obciążeniami zmiennych rozpoznawczych i odpowiedzi (Naes i Martens 1985; Bates 1988; Tobias 2003; Carrascal *i in.* 2009).

Zachowanie R w funkcji wielkości populacji będzie sugerować działania kooperacyjne lub konkurencyjne (lub ich brak), a analiza PLSR (Kawaiweté, Ikpeng, Kamaiurá i Kisêdjê) będzie sugerować demograficzne ścieżki efektów procesów endogenicznych i egzogenicznych.

Zmienne egzogeniczne

Procesy endogeniczne mogą oddziaływać na zmienne zewnętrzne, wpływając na dynamikę populacji (Berryman 1999). Teoria zakłada, że zmienne zewnętrzne są determinujące, jeśli wpływają również na składniki demograficzne (natura, śmiertelność i migracje) populacji na mieszkańca (Berryman 1999). W ten sposób dokonaliśmy przeglądu najnowszej historii 25 narodów z literatury i stron internetowych (< http://pib.Socioambiental .org/pt> ref) szukając zmiennych i procesów, które mogą mieć wpływ na składniki demograficzne R (Tabela 1). Przeprowadziliśmy wieloczynnikową analizę przekrojową w celu zbadania wpływu potencjalnych zmiennych egzogenicznych na dynamikę.

Tabela 1. Wznowienie zmiennych i procesów dla najnowszej historii 25 brazylijskich narodów tubylczych, od czasu oficjalnego kontaktu z brazylijskimi instytucjami. Niektóre narody posiadają więcej informacji niż inne, dlatego też prezentują więcej potencjalnych zmiennych, takich jak cechy charakterystyczne dla historii życia, wspominają o metodach kontroli urodzeń oraz o łowiectwie i ograniczaniu zasobów. Nie oznacza to, że zmienne te nie były ważne dla dynamiki innych narodów, co oznacza, że mniej informacji jest dostępnych.

Naród	Region	Państwo	Zmienne i procesy	Referencje
Ikpeng	Środkowy Zachód	Mato Grosso	• Migracja do PIX. • Opieka zdrowotna. • Metody kontroli urodzeń. • Możliwość adaptacji do środowiska PIX. • Pod wpływem odżywiania.	Simões 1963, Ferreira 1994, Menget 2003, Fagundes et al. 2004, Maia et al 2004.
Nahukwá	Środkowy Zachód	Mato Grosso	• Konflikty interpersonalne. • Choroby. • Opieka zdrowotna. • Małżeństwa międzypaństwowe.	Wurker 1999, Picchi 2003.
Surui Paiter	Północny Zachód	Rondônia i Mato Grosso	• Opieka zdrowotna. • Tworzenie wiosek na starych farmach kawy. • Zależność od rolnictwa. • Pod wpływem odżywiania.	Mindlin 1981, 2003. Junqueira et al. 1982, Junior 1985, 1989, Junior i Alvares et al. 1991, Orellana et al. 2006, Valencia i Santos i in. 2008.
Xavante	Środkowy Zachód	Mato Grosso	• Opieka zdrowotna. • Naturalne łowiectwo i redukcja zasobów. • Pod wpływem odżywiania.	Flowers 1994, Garfield 2001, Gugelmin 2001, Junior i Álvares et al. 2002, Paula 2006, Grahan 2008.

			• Niepełnosprawności spowodowane siedzącym trybem życia. • Tworzenie nowych wiosek. • Poprawa opieki zdrowotnej.	
Wajãpi	Brazylia Północna i Gujana Francuska	Amapá i Pará	• Opieka zdrowotna. • Tworzenie nowych wiosek. • Podwyższenie średniego wieku pierwszego syna.	Grenand 1992, Gallois 1997, Medeiros 2000.
Karitiana	Północ	Rondônia	• Polowanie i gromadzenie zapasów. • Słaba jakość opieki zdrowotnej. • Sprzedaż produktów rolnych do handlu regionalnego. • Koszty związane z rozpoznaniem gruntów. • Homologacja terytorialna. • Poprawa opieki zdrowotnej.	Demolin i Storto 1979, Monteiro 1984, Moser 1997, Storto i Ferreira 2005.
Krikatí	Northeast	Maranhão	• Polowanie i gromadzenie zapasów. • Koszty związane z rozpoznaniem gruntów. • Homologacja terytorialna. • Poprawa opieki zdrowotnej.	Ladeira 1991, Ladeira i Azanha 1996, 2005, Coelho 1998.
Kawaiweté	Środkowy Zachód	Mato Grosso	• Migracja do PIX. • Adaptacja do środowiska PIX. • Opieka zdrowotna. • Cechy historyczno-życiowe (niewielkie zmiany wieku pierwszego syna i odstępy czasu między narodzinami). • Różnorodność w rolnictwie.	Nimuendajú 1948a, 1948b, Longarezi i Maturano 1993, Rodrigues 1994, Oakdale 1996, Senra 1999, Silva 1999, Pagliaro 2002.

			• Stosowanie metod kontroli urodzeń.	
Apinayé	Północ	Tokantyny	• Opieka zdrowotna. • Wykorzystanie maszyn do produkcji rolnej. • Sprzedaż produktów rolnych do handlu regionalnego. • Wydalenie nielegalnych kolonistów.	Gonçalves 1981, Ninuendajú 1983, Ladeira i Azanha 2003.
Kamaiurá	Środkowy Zachód	Mato Grosso	• Opieka zdrowotna. • Metody kontroli urodzeń. • Cechy historii życia. • Obniżony udział klasy wiekowej od 12 do 25 lat w ogólnej płodności. • Zwiększony udział klasy wiekowej od 25 do 44 lat w ogólnej płodności. • Wiek małżeństwa i pierwszego syna odroczony.	Oberg 1953, Junqueira 1967, 2002, 2003, Viertles 1969, Galvão 1979, Tavares 1994, Pagliaro i Junqueira 2007, Pagliaro i in. 2008.
Javaé	Central-North	Goiás i Tocantins	• Opieka zdrowotna. • Mąż. • Zmniejszenie liczby wiosek. • Tworzenie nowych wiosek.	Fortune and Fortune 1948, Toral 1981, Rodrigues 2010.
Krahô	Północ	Tokantyny	• Opieka zdrowotna. • Mąż. • Poprawa opieki zdrowotnej. • Powrót do systemu produkcyjnego gospodarstw rodzinnych.	Nimuendajuú 1976, Melatti 1994, 1999.
Rikbaktsá	Środkowy zachód	Mato Grosso	• Opieka zdrowotna. • Koszty rozpoznania gruntów. • Zwiększonc więzi kooperacyjne między	Arruda 1986, 1987, 1996, 1998.

			wioskami napotykały na przesuwanie się granic państwowych.	
Yudjá	Środkowy zachód	Mato Grosso	• Opieka zdrowotna. • Zwiększona płodność. • Zmniejszyć odstępy między narodzinami.	Oliveira 1969, Ferreira 1994, Silva 1999, Lima 2001.
Gavião Pykopjê	Northeast	Maranhão	• Opieka zdrowotna • Terytorialna inwazja regionalnych kolonistów.	Newton 1971, Ladeira i Azanha 2005.
Asurini Tocantins	Północ	Pará	• Konflikty na ziemi • Konstrukcja hydroelektryczna Tucurui. • Opieka zdrowotna. • Zmniejszenie zapasów łowieckich.	Arnaud 1989, Andrade 1992, 1999.
Araweté	Północ	Pará	• Względna izolacja. • Słaba opieka zdrowotna.	De Castro 1988, Andrade 1992.
Bakairi	Środkowy zachód	Mato Grosso	• Opieka zdrowotna. • Wydalenie nielegalnych kolonistów. • Wykorzystanie maszyn do produkcji rolnej. • Tworzenie nowych wiosek. • Niektóre wioski powróciły do starego systemu produktywności rolnictwa.	Oberg 1948, Abreu 1976, Barros 1989, Barros et al 1994.
Hixkariana	Północ	Amazonki, Roraima i Pará.	• Obecność misjonarzy. • Opieka zdrowotna. • Tworzenie nowych wiosek. • Wioski z bliskim sąsiedztwem miast regionalnych.	Almeida 1981, De Queiroz 2010.

Marubo	Północ	Amazonki	• Opieka zdrowotna. • Obecność misjonarzy. • Produkcja i sprzedaż lateksu.	Montagner i Melatti 1975, Melatti 1998, Coutinho 1998.
Palikur	Północ	Amapá i Gujana Francuska	• Opieka zdrowotna. • Obecność misjonarzy. • Nawrócenie na katolicyzm.	Arnaud 1984, 1989, 1993, Ricardo 2000, Almeida 2004, Artionka 2012.
Mucaji Yanomami	Północ	Roraima, Amazonas i Wenezuela.	• Stabilizacja stosunku płci. • Opieka zdrowotna.	Earl i Peters 1990, Albert 1999, Nilsson i Fearnside 2011.

Na podstawie naszego przeglądu i dostępnych danych, możemy przepisać funkcję R w następujący sposób:

$$R \sim f(N_{t-d}, Threats, Number\ of\ villages, Diet\ items, Number\ of\ ITs, Total\ territory\ size,$$
$$\text{Liczba projektów rządowych i ONG, Liczba biomów)} \quad (5)$$

Tutaj, N_{t-d} odnosi się do początkowej wielkości populacji w okresie odbudowy, która została wykorzystana jako wskaźnik udziału wielkości populacji w dynamice. Zagrożenia te można podzielić na eksploatacyjne (np. nielegalne pozyskiwanie drewna, górnictwo) i lądowe (np. nielegalne najazdy i osiedla) i mogą one działać jako negatywne zmienne egzogeniczne (rys. 1). Tworzenie nowych wiosek może stanowić koszt dla jednostek (np. oczyszczanie terenu, budowa domów, migracja), ale może również złagodzić potencjalne problemy związane ze wzrostem populacji (np. wyczerpywanie się zasobów lokalnych) poprzez rozmieszczenie jednostek na całym terytorium. Przedmiotami diety są różnorodne gatunki łowione, zbierane i uprawiane, służące do utrzymania się. Liczba biomów znalezionych wewnątrz systemów informatycznych (m.in. półpustynnych, gęstych, półdecydualno-mombrofilnych) (Instituto Socioambiental 2001) została wykorzystana jako wskaźnik różnorodności ekosystemów, powołując się na teorię różnorodności- równowagi (Odum 1953;

MacArthur 1955; Elton 1958; Chu i Tai 2001). Krótko mówiąc, teoria ta postuluje, że pajęczyny z większą ilością gatunków są bardziej odporne i odporne niż mniej zróżnicowane systemy w obliczu zewnętrznych perturbacji. Możemy stwierdzić, że ludność autochtoniczna żyjąca w kontakcie z większą ilością biomów byłaby bardziej odporna i odporna na utratę siedlisk, na przykład w wyniku wylesiania. Wykorzystaliśmy liczbę projektów rządowych i pozarządowych (NGO) jako pełnomocnika świadomości politycznej w zakresie praw tubylczych.

Łącząc zestaw danych (Np.5) wygenerowanych w naszym przeglądzie z danymi dostępnymi na stronie internetowej ISA, zbudowaliśmy matrycę korelacji Pearsona w celu zbadania zależności między zmiennymi egzogenicznymi. Wykorzystaliśmy również PLSR z podejściem przekrojowym w celu zmniejszenia złożoności danych i ustalenia, które zmienne mogą być ważniejsze dla wyjaśnienia trendu R. Zastosowaliśmy średnią stopę zmiany R (dR), która wychwytuje ogólny trend R jako zmienną odpowiedzi oraz dane cytowane powyżej jako zmienne eksploracyjne. Zaczęliśmy od całego zestawu zmiennych, a następnie krok po kroku usuwaliśmy zmienne eksploracyjne bez lub z małą wagą na komponentach PLSR. Przedstawiamy tylko ostateczne wyniki PLSR. Jak zauważono, analizy wielowymiarowe, takie jak PLSR, są zazwyczaj wykorzystywane do redukcji złożonego wszechświata mierzonych zmiennych. PLSR jest analizą odkrywczą, a nie procesem testowania hipotez. Dlatego wyniki wielowymiarowej analizy przekrojowej należy uznać za hipotezy. Wszystkie analizy statystyczne zostały przeprowadzone w środowisku R (R Core Team 2016). Wypełniliśmy równania 3-4 korzystając z biblioteki nls w R poprzez nieliniową analizę regresji (Mevik i Wehrens 2007). Wyniki statystyczne interpretujemy w ramach Teorii Ekologii Ludności oraz najnowszej historii narodów tubylczych.

Wyniki

Procesy endogeniczne (Nt-d).

Brazylia

W ostatnich dekadach Brazylia wykazywała tendencję spadkową (logistyczną), napędzaną spadkiem poziomu naturalizmu i moralności (wykres 3 i tabela 2) jako wzrost wielkości populacji (konkurencja wewnętrzna).

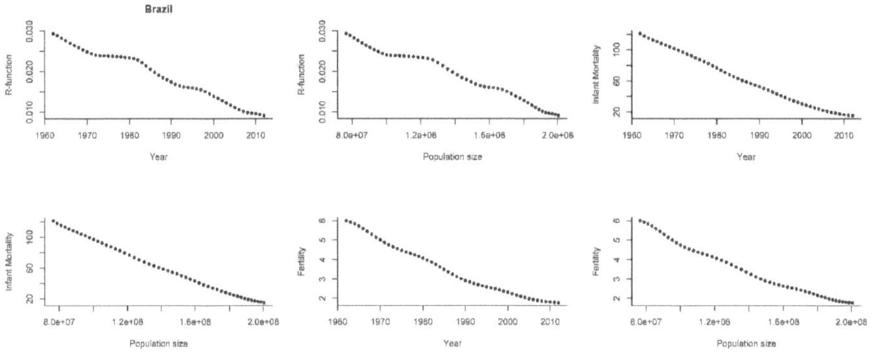

Rysunek 3. Funkcjonalność R, nienasycona moralność (zgony na kobiety) i poziom płodności (narodziny na kobiety) z czasem i wielkością populacji brazylijskiej.

Tabela 2. Parametry szacunkowe z modelu wzrostu logistycznego dla Brazylii. Znaczące rezultaty w odważnej twarzy. R2 = 0.9941707.

Parametry	Szacunki
Rmax	**3.329e-02**
K	**2.426e+08**
Q	**1.613e+00**

Ludność autochtoniczna

Zaobserwowaliśmy wiele różnych wzorców regeneracji. Niektóre kraje wykazały ogólną konkurencję lub ożywienie współpracy, podczas gdy inne wykazały gwałtowny wzrost. Znaleźliśmy narody, które wykazały wstępny wzrost współpracy i, przy większej liczbie ludności, wzrost konkurencji. Trzy narody przedstawiły wyraźną sekwencję zachowań. Gavião Pkopje, Karitiana i Krikati wykazały wstępną fazę konkursu i późniejszy wzrost współpracy (rysunki 4-10).

Dynamika Mucaji Yanomami jest najlepszym szeregiem czasowym, jaki mamy i odzwierciedla większość zachowań zaobserwowanych w innych narodach, opisując początkową fazę współpracy, po której następują okresy gwałtownego wzrostu i konkurencji (rys. 4). Model konkurencji kooperacyjnej (kw. 3) wyjaśnił prawie 50% zaobserwowanych danych z lat 1930-1989. Gdy zwiększaliśmy odstępy czasowe między obserwacjami, zmniejszając hałas, zwiększaliśmy R2 (tj. współczynnik wyznaczania) modelu (tabela 3).

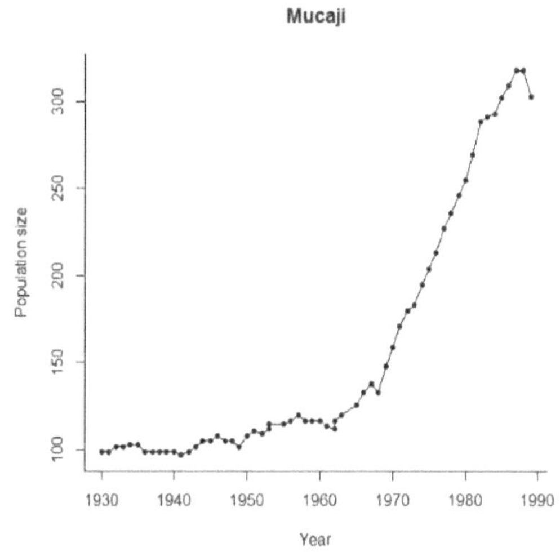

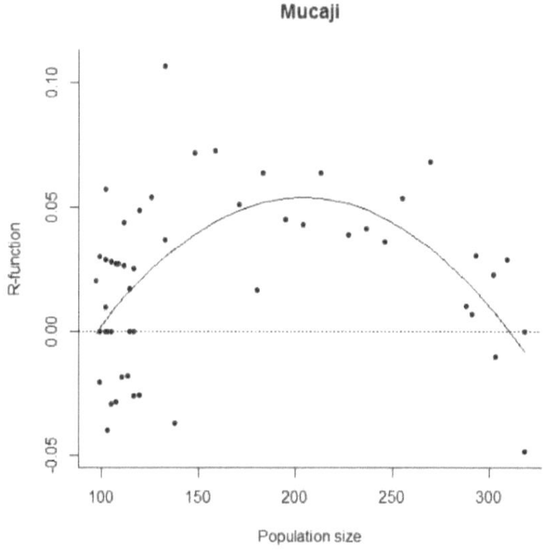

Rysunek 4. Seria czasowa Mucaji Yanomami i funkcja R. Przedstawiał początkową fazę Allee, a na koniec fazę konkursu wewnętrznego. Grafika funkcji R jest z lat 1930 do 1989, kiedy to opieka zdrowotna uległa poprawie, a szeregi czasowe zmieniły się na przyspieszający trend R (nie pokazano).

Tabela 3. Oszacowania parametrów modelu dopasowanego do szeregów czasowych Mucaji Yanomami, z wyraźnymi odstępami czasowymi pomiędzy oszacowaniami wielkości populacji. R_{max} i K E reprezentuje maksymalne tempo zmian na mieszkańca, nośność i wielkość populacji Allee. *r2* jest współczynnikiem określenia, który mierzy model pasujący do obserwowanych danych. Znaczące wyniki są pogrubione ($P < .05$).

Częstotliwość (lata)	R_{max}	*K*	*E*	*R2*
1	**0.14**	**310.38**	**97.56**	**0.56**
3	**0.277**	**308.29**	**99.73**	**0.67**
5	**0.711**	**300.57**	**96.08**	**0.86**

Klasyfikujemy narody w oparciu o zachowanie R w zależności od wielkości populacji. Następnie zebraliśmy wszystkie dane demograficzne dla każdej grupy. Narody pogrupowane odpowiednio jako współpraca, konkurencja i wzrost wykładniczy wykazywały ogólny pozytywny, negatywny i niezależny trend R przy wielkości populacji (rys. 3-9 i tabela 3). Niezależnie od prezentowanych zachowań stwierdzono, że R jest związane z większą liczbą zmian w naturze niż śmiertelność (tabela 4 i ryc. 8). We wszystkich przypadkach śmiertelność była na niższym poziomie i na ogół stopniowo spadała (ryc. 8).

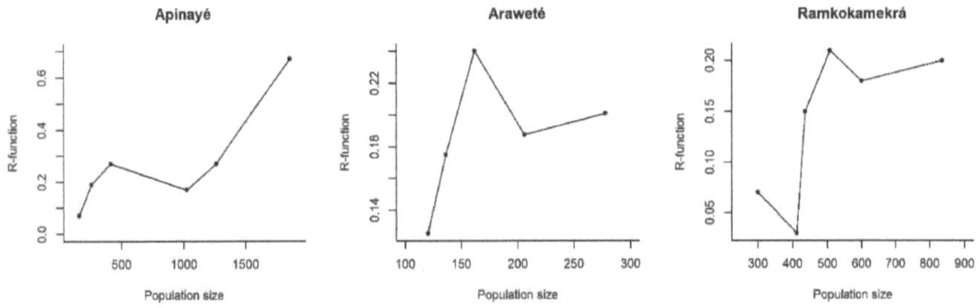

Rysunek 5. Szeregi czasowe ludów tubylczych i funkcje R z przyspieszającym zachowaniem R.

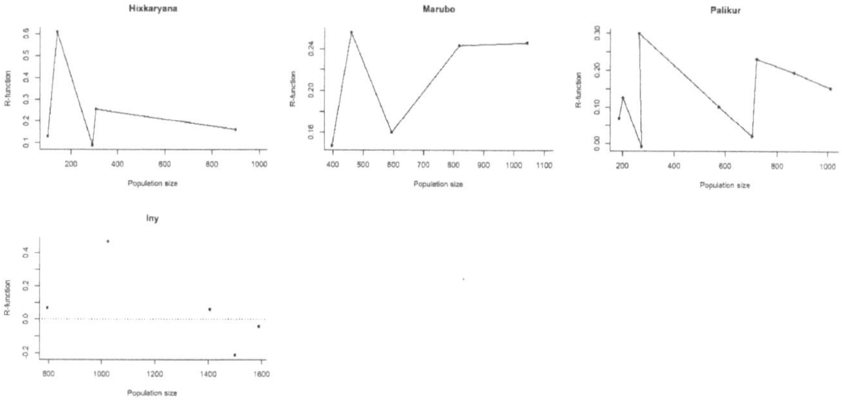

Rysunek 6. R-funkcje rdzennych narodów z wizualnym wykładniczym wzrostem.

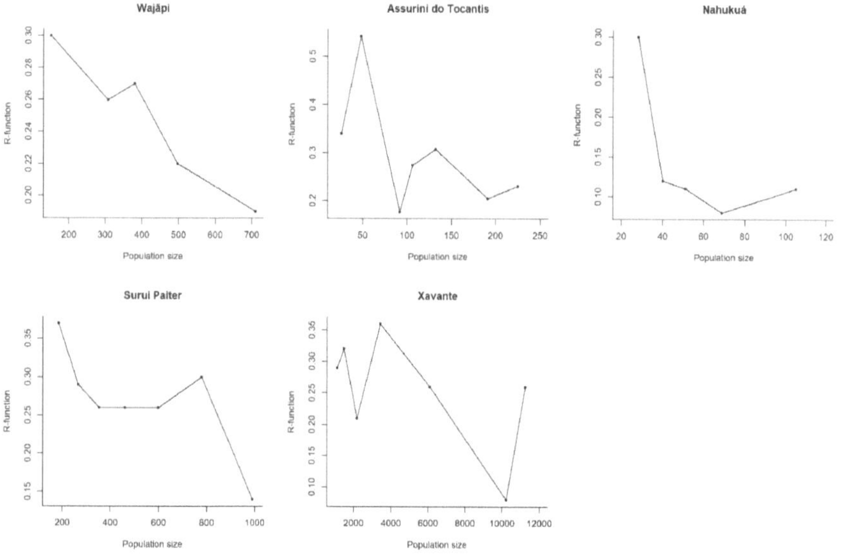

Rysunek 7. Szeregi czasowe rdzennych narodów i funkcje R z ogólnym R malejące zachowanie.

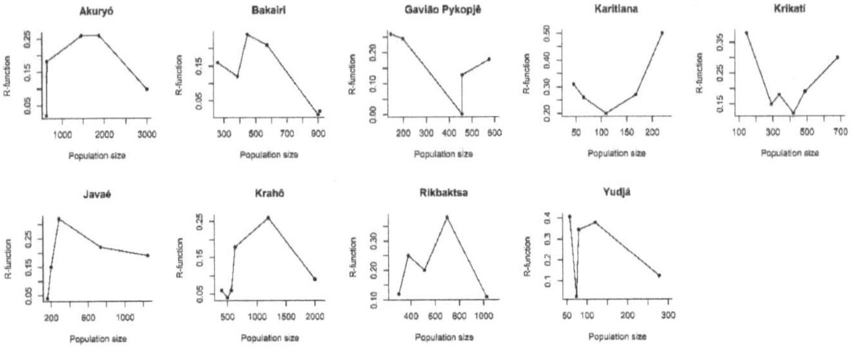

Rysunek 8. Funkcje R narodów, zarówno przyspieszające, jak i zmniejszające się zachowania R. Początkowa tendencja spadkowa w Krikati, Karitianie i Gavião Pykopjê może być związana z kosztami poprzedzającymi homologację gruntów.

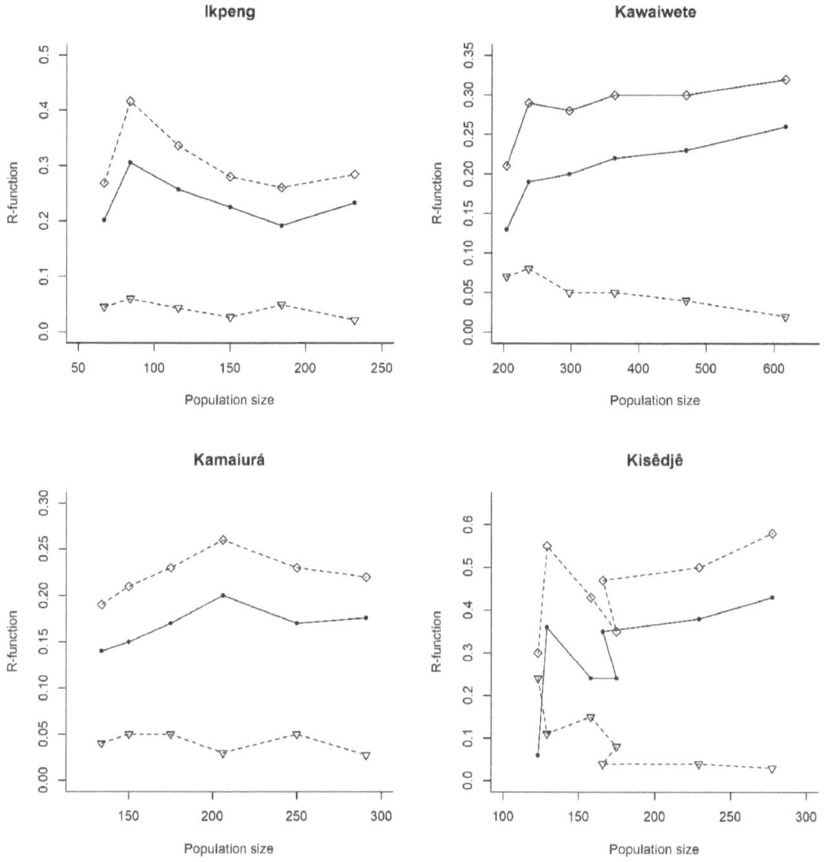

Rysunek 9. Dostępne wskaźniki naturalności i śmiertelności narodów tubylczych. Pokazuje, że niezależnie od zachowania, R jest bliżej związane z naturą niż śmiertelnością. Wszystkie narody są z PIX-u.

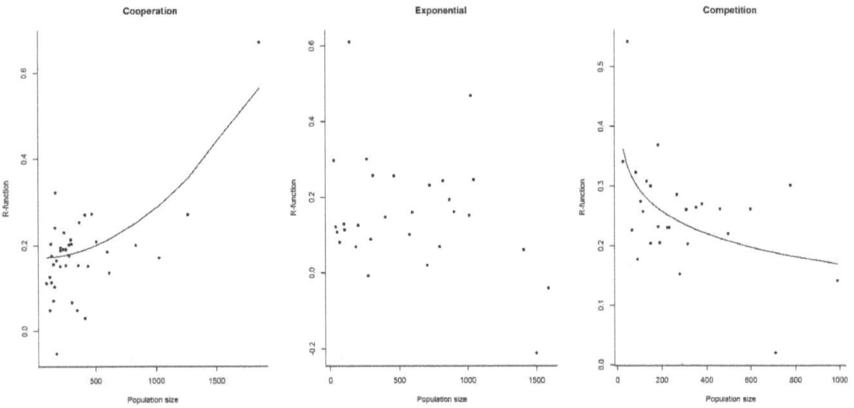

Rysunek 10. Funkcje R dla wszystkich danych w podziale na zachowania demograficzne. Narody zostały wizualnie pogrupowane według relacji między R a wielkością populacji. Wewnątrzindywidualne zachowanie przy współpracy: R = 0,17 + 1,155e-07* (wielkość populacji)^2, R2=0,717, $F1_{,37=27}$,78, p-wartość=1,11e-5. Zachowanie wykładnicze: R = 0. 2101 - 9,393e-05* (wielkość populacji), R2=0,0460, $F1_{,27=}$ 27,78, p-wartość = 0,1355. Konkurencja wewnętrzna: R = 1,35 * (1 - (wielkość populacji/1524)0,0489), R2=0,516, $F1_{,25=}$ 6,412, p- wartość= 0,0179.

Tabela 4. Wyniki częściowej analizy regresji najmniejszych kwadratów (PLS) czterech brazylijskich narodów tubylczych, przeprowadzonej z szacunkowym wskaźnikiem zmian liczebności populacji na mieszkańca i czterema zmiennymi predykcyjnymi (liczba ludności na mieszkańca, śmiertelność, wskaźniki migracji i wielkość populacji). W1 i W2 są ciężarami obciążenia każdej zmiennej w pierwszym i drugim komponencie regresji PLS. R2 jest proporcją wariancji w zmiennej odpowiedzi, jaką stanowi każdy ze składników regresji PLS. Wyniki PLSR i kontrole danych ujawniają wskaźniki naturalności jako główny czynnik zmian R, a następnie wielkość populacji, poziom śmiertelności i wskaźniki migracji.

Zmienne	Kamaiurá		Kawaiweté		Ikpeng		Kisędzię	
	W1	W2	W1	W2	W1	W2	W1	W2
Natualność	**0.610**	0.124	**0.732**		**0.589**	0.722	**0.653**	0.126
Śmiertelność	-0.511	0.120	-0.219	0.504	0.491		-0.497	0.332
Migracja	-0.298	-0.846	0.415	0.791	0.375	-0.502	0.437	0.706
Ludność	0.527	-0.505	0.494	-0.341	-0.405	0.47	0.368	-0.613
R2	44.225	23.807	54.256	39.766	64.628	22.461	55.297	31.065

Zmienne egzogeniczne

Matryca korelacji ujawniła pewne potencjalne współliniowości. Większość zmiennych była dodatnio skorelowana z liczbą obszarów rodzimych i rodzajami roślinności (tabela 5). Liczba terytoriów tubylczych, wiosek, początkowa liczba ludności, nielegalna presja wydobywcza i bogactwo roślinności są prawdopodobnie skorelowane. Rodzaj roślinności ujemnie skorelowany z przedmiotami łowieckimi. Źródła diety są skorelowane, a rolnictwo jest skorelowane z liczbą projektów rządowych i pozarządowych. Oba źródła zagrożeń były ujemnie skorelowane z łowiectwem, zbiorem i produktami rolnymi (tabela 6).

Po usunięciu zmiennych bez lub z małą wagą na pierwszym elemencie PLS, zachowaliśmy mały zestaw zmiennych, które mogą wpływać na trendy R. Pierwszy komponent PLS wyjaśniał około 44% wariancji obserwowanej w dR, natomiast drugi komponent wyjaśniał 25%. W pierwszym składniku najciężej ważyła początkowa wielkość populacji i rodzaje roślinności, natomiast w drugim PLS (tabela 6) zebrane elementy miały największą wagę.

Tabela 5. Matryca korelacji (Pearson) dla zbioru danych zebranych ze strony internetowej Instituto Socioambiental. Zmienne obejmują: liczbę terytoriów (N IT), całkowitą wielkość terytorium (Terytorium, Km2), początkową wielkość populacji (Ludność), liczbę wsi (Wioski), ciśnienie wydobywcze (Wydobycie), ciśnienie gruntowe (Grunty), zbieranie artykułów żywnościowych (Zbiór), artykuły rolnicze (Rolnictwo), artykuły łowieckie (Polowanie), projekty rządowe i pozarządowe (Rząd-NGO). Znaczące [illegible]

	Number TIs	Territory	Population	Villages	Extrativist	Fundiary	Gather	Agriculture	Hunt	ONG	Vegetation
Number TIs	1.00										
Territory	0.29	1.00									
Population	**0.90**	0.13	1.00								
Villages	**0.89**	-0.04	**0.94**	1.00							
Extrativist	**0.53**	0.21	**0.61**	0.56	1.00						
Fundiary	**0.69**	-0.02	**0.73**	**0.80**	**0.77**	1.00					
Gather	-0.27	-0.30	-0.08	-0.07	-0.36	-0.28	1.00				
Agriculture	-0.30	-0.35	-0.15	-0.23	-0.41	-0.31	0.49	1.00			
Hunt	-0.30	-0.16	-0.29	-0.24	-0.20	-0.15	**0.59**	0.48	1.00		
ONG	-0.15	-0.03	-0.07	-0.07	-0.34	-0.37	0.42	**0.54**	0.41	1.00	
Vegetation	**0.69**	0.06	**0.67**	**0.70**	0.45	**0.53**	-0.29	-0.35	-0.47	-0.45	1.00

Tabela 6. Analiza regresji częściowej najmniejszego kwadratu (PLS); wyniki badań zmiennych eksploracji zebranych na stronie internetowej Instituto Socioambiental na dR (tempo zmian tempa zmian per capita). Zmienne o małych lub żadnych ciężarach na elementach PLS zostały usunięte z analizy i nie zostały pokazane. W1, W2 i W3 reprezentują masy obciążenia każdej ze zmiennych w pierwszym, drugim i trzecim komponencie regresji PLS. *R2%* jest proporcją wariancji w zmiennej odpowiedzi, jaką stanowi każdy ze składników regresji PLS. Wszystkie zmienne predykcyjne zostały znormalizowane.

Zmienne	W1	W2	W3
Ludność	0.633	-0.316	-0.643
Terytorium	0.176		0.566
Zbierz	0.144	0.942	-0.233
Roślinność	0.74		0.461
R2%	44.213	25.844	16.328

Dyskusja

Brazylia

W ostatnich dekadach Brazylia wykazywała tendencję spadkową (logistyczną), napędzaną spadkiem liczby ludności w miarę wzrostu liczby ludności (konkurencja wewnętrzna),podobnie jak niektóre brazylijskie narody tubylcze.

Przed drugą rewolucją przemysłową płodność miała dodatnią korelację z dochodami, co oznaczało, że w rodzinie więcej osób zaangażowanych w system produkcyjny, wyższy byłby dochód gospodarstwa domowego, zgodnie z przewidywaniami zjawiska współpracy wewnętrznej. W krajach brazylijskich jednostki mogą zacząć wnosić swój wkład w proces produkcji w wieku 10-15 lat, co jest czasem rozwoju kapitału ludzkiego niezbędnego do utrzymania kultury i ludności. I, nie ma potrzeby indywidualnego wzrostu gospodarczego. Jak sugerowano, rdzenni mieszkańcy mogą nieumyślnie konkurować ze sobą z powodu wyczerpywania się zasobów, które może być pogłębione przez wylesianie.

W ciągu XX wieku Brazylia przekształciła się z kraju wiejskiego w kraj miejski i uprzemysłowiony, co było procesem wspólnym dla wielu krajów. Zgodnie z neomaltuzjańską teorią, postęp technologiczny w produktywności systemu wymagał bardziej wyspecjalizowanej siły roboczej osiąganej jedynie poprzez wyższe wykształcenie (kapitał ludzki). Procesy te wydłużyły okres nauki (a w konsekwencji koszty) osób fizycznych, zanim zaczną one wnosić wkład w dochód gospodarstwa domowego. Wyższe koszty tworzenia kapitału ludzkiego w gospodarstwie domowym ograniczyły poziom płodności, a opieka zdrowotna pozwoliła na zmniejszenie liczebności rodziny. Dodatkowo, wzrost udziału kobiet jako siły roboczej zwiększył wiek pierwszego syna, wiek małżeństwa, co również odegrało rolę w spadku poziomu płodności. Dlatego też w Brazylii możemy znaleźć dwa rodzaje organizacji społecznych, które mają swoje własne bodźce do rozwoju demograficznego. Podczas gdy w niehierarchicznych społeczeństwach ogrodniczych (brazylijskie narody tubylcze) jednostki mogą konkurować o ziemię, w miastach o lepiej płatną pracę.

Towarzystwa ogrodnicze umieszczone w neomaltazjańskiej Brazylii.

W oparciu o nasze dane z najnowszej historii 25 brazylijskich narodów tubylczych proponujemy hipotezę dotyczącą interakcji między skutkami wielkości populacji a zmiennymi egzogenicznymi z perspektywy Teorii Ekologii Ludności. Wzorce odbudowy populacji brazylijskich ludów tubylczych wskazują na istnienie wewnątrz specyficznych procesów współpracy i konkurencji (lub wykładniczy wzrost) oraz zmiennych egzogenicznych. Wyznaczenie systemów informatycznych i poprawa dostępu do opieki zdrowotnej przyczyniły się do obniżenia poziomu śmiertelności, co doprowadziło do zmiany wskaźnika śmiertelności w przeliczeniu na jednego mieszkańca. Jednocześnie rozszerzanie się granic rolniczych degraduje przydatność środowiska dla wzrostu populacji (Ribeiro 1970; Villas Bôas i Villas Bôas 1994; Instituto Socioambiental 2011).

Wraz z opieką zdrowotną, oficjalnie wyznaczone IT mają kluczowe znaczenie dla społecznej i kulturowej trwałości rdzennych mieszkańców. Matryca korelacji wykazała, że liczba informatyków koreluje z większością pozostałych zmiennych. Zwiększenie liczby informatyków na kraj zwiększa możliwość konfrontacji z nowymi zagrożeniami i nowymi biomami (dodatnie korelacje), a także pozwala na zwiększenie początkowej wielkości populacji i potencjału tworzenia kolejnych wiosek.

Wyniki PLSR wskazują na znaczenie wylesiania, wielkości populacji i sposobu odżywiania dla demografii narodów. Skupiamy się na wynikach z pierwszego elementu analizy i sugerujemy, że liczba biomów może być wskaźnikiem zastępczym dla wylesiania. Większość analizowanych w niniejszym opracowaniu narodów pochodzi z regionu środkowo-zachodniego, który jest obszarem przejściowym pomiędzy gęstym lasem o charakterze bombrofilnym (Amazonka) a innymi biomami (Brandon 2013), charakteryzuje się największą różnorodnością tych biomów. Podczas gdy to wysokie bogactwo biomów mogłoby odwoływać się do teorii zróżnicowania-równowagi (Odum 1953; MacArthur 1955; Elton 1958; Chu i Tai 2001), w naszym przypadku brazylijskich narodów tubylczych prognozy teorii zróżnicowania-równowagi nie miały zastosowania (patrz Metody). Po pierwsze, gęsto zarośnięty las (Amazonia w regionie północnym) prezentuje więcej gatunków niż wszystkie inne biomy razem wzięte (Brandon 2013). Po drugie, region środkowo-zachodni cierpi z powodu postępującego wylesiania przez dłuższy okres niż region północny (Fearnside 2005; Paula 2005; Salomão *i in.* 2007; Barbosa *i in.* 2008; Brandon 2013). Region o większej ilości typów roślinności jest również miejscem, gdzie w ostatnich dziesięcioleciach poszerzyły się granice rolnicze. Dlatego sugerujemy, że typy roślinności i degradacja siedlisk korelują ze sobą geograficznie i mogą być wskaźnikiem zubożenia siedlisk. Dlatego pierwszy komponent PLSR może być interpretowany jako połączenie wylesiania i wpływu wielkości populacji na dR.

Dynamika Mucaji Yanomami dostarcza najlepszych dowodów na wpływ wielkości populacji z naszej próby narodów. Mieszkają oni w regionie północnym (na granicy z Wenezuelą) i dlatego są bardziej oddaleni od ujemnych zmiennych egzogenicznych niż inne analizowane przez nas narody, położone w regionie środkowo-zachodnim. W związku z tym, możemy interpretować szeregi czasowe Mucaji jako napędzane głównie przez wpływ wielkości populacji na tempo zmian w populacji per capita (R). Jednak ich populacja zaczęła się odbudowywać przed wprowadzeniem opieki zdrowotnej, a początkowa faza odbudowy współpracy może być związana ze stabilizacją stosunków płciowych i zmianami w ich reżimie rozrodczym w miarę przechodzenia od poliandrii do monogamii, która jest procesem demograficznym Allee ze zmianami kulturowymi (Eearly i Peters 1990; Albert 1999).

Degradacja siedlisk może współdziałać z populacją w celu wyjaśnienia dynamiki narodów z regionów środkowo-zachodnich i północno-wschodnich. Wylesianie ogranicza dostępność dużej zwierzyny łownej, zasobów rybnych oraz drewna i szeregu niedrzewnych produktów leśnych (Ribeiro 1970; Villas Bôas i Villas Bôas 1994; Instituto Socioambiental 2011). Proponujemy, aby w miarę przesuwania się granic rolniczych degradacji zrównoważonego rozwoju środowiska, zwiększać znaczenie spółdzielczości, co z kolei wpływa na demografię (Lima i Berryman 2011). Na przykład, w PIX-ie prawie wszystkie narody z większą liczbą wsi położonych w pobliżu granic rolniczych wykazały ogólną pozytywną tendencję R (Rysunek 11). W fazie przyspieszania R wzrost liczby ludności wraz z działaniami kooperacyjnymi mogą przyczynić się do poprawy stanu środowisk wcześniej zdegradowanych przez wylesianie. Wzrost populacji może zmniejszyć indywidualne koszty żerowania (polowanie i zbieranie plonów), uprawy roślin, budowy domów i opieki nad dziećmi (Ribeiro 1970; Berryman 1999; Smith i Winterhalder 2003; Hamilton *i in.* 2009).

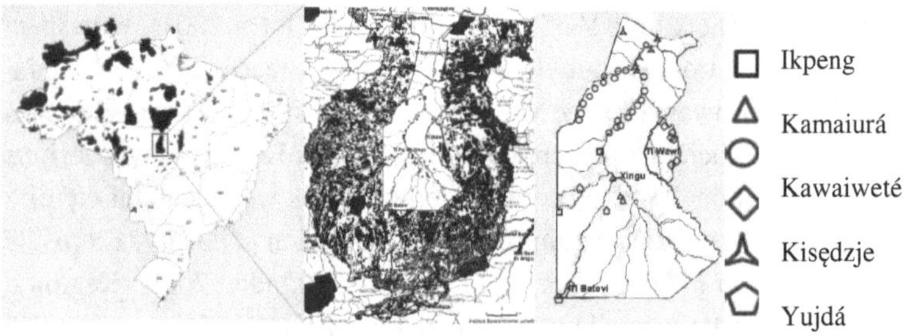

Rysunek 11. (a) Wszystkie zgłoszone i będące w trakcie "procesu homologacji" terytoria tubylcze w Brazylii (2008 r.). b) Miejsca pożarów jako miara zagrożenia w związku z rozszerzeniem granic rolnych otaczających terytoria autochtoniczne w dorzeczu rzeki Xingu, w latach 2000-2008. c) Lokalizacje niektórych ludów tubylczych w PIX-ie. Kisędje, Kawaiweté i Waurá (Zachowanie przyspieszające R) mają większość ludności mieszkającej w pobliżu granic PIX i stojącej w obliczu wylesiania.

Pozwala to jednak na potencjalne istnienie minimalnej wielkości populacji (E), poniżej której populacja staje się podatna na wyginięcie (Berryman 1999). Narody tubylcze mają dwa E, jeden biologiczny i inny kulturowy (Pozzobon 1994). Każda populacja ludzka potrzebuje minimalnej wielkości populacji, aby móc funkcjonować kulturowo jako grupa. Niektóre działania zarówno społeczne, jak i związane z utrzymaniem (np. polowania grupowe lub połowy) wymagają minimalnej liczby zaangażowanych osób (Ribeiro 1970; Pozzobon 1994). W zależności od stopnia redukcji zasobów, niszczenie siedlisk może również usuwać działania związane z utrzymaniem, nawet jeśli jest wystarczająca liczba osobników do ich wykonania (Flowers 1994), spychając kulturowe i liczbowe E do większych rozmiarów populacji, zwiększając szanse na wyginięcie podczas negatywnych zjawisk egzogenicznych (np. epidemie, susze) w obrębie populacji z demograficznymi dowodami na proces wewnątrzwspółpracy. Narody te powinny inwestować w wielkość populacji, aby przeciwdziałać zbliżaniu się do liczbowego i kulturowego E. Inwestowanie w wielkość populacji, aby przeciwdziałać negatywnym skutkom wylesiania, może również umożliwić lepszą obronę terytorium i przyciągnąć większą uwagę mediów, co może przełożyć się na zwiększoną i lepszą pomoc rządową i ochronę praw człowieka narodów, jak miało to miejsce w przypadku Karitiany, Krikatí i Gavião Pykopjê (Ladyera 1991; Ladyera i Azanha 1996, 2005).

Nasze wyniki uchwyciły również potencjalny negatywny wpływ wylesiania na bogactwo żywieniowe prowadzące do pogorszenia poziomu żywienia, o którym mowa w prawie wszystkich kronikach narodowych (Junior 1985, 1989; Junior i Santos 1991; Fagundes *i in.* 2004; Orellana *i in.* 2006). Sugeruje to, że niszczenie siedlisk może pogłębić spadek dostępności zasobów per capita w miarę wzrostu populacji, co sugeruje najnowsza historia i dynamika Xavante. Niszczenie siedlisk może skutkować niższą nośnością (K), a także zwiększeniem szans na wyginięcie podczas negatywnych zdarzeń. Wylesianie zwiększa zależność od produkcji gospodarstw rodzinnych (Villas Bôas i Villas Bôas 1994; Flowers 1994; Junior *i in.* 2002; Instituto Socioambiental 2011; Nilson i Fearnside 2011;). W obrębie brazylijskich społeczności tubylczych rolnictwo należy głównie do obowiązków kobiet (Ribeiro 1970; Silva 1999), tak więc każdy wzrost produkcji rolnej może potencjalnie prowadzić do negatywnego kompromisu między wielkością rodziny a ogólną kondycją demograficzną (Kaplan 1996; Hill i Kaplan 1999).

Zjawisko konkurencji wewnętrznej oznacza, że ostatecznie wszystkie narody odczują negatywne skutki wzrostu liczby ludności (Berryman 1999). Ostatecznym celem narodów tubylczych i rządów brazylijskich powinno być stworzenie warunków, które umożliwią narodom osiągnięcie wysokiej i trwałej równowagi liczebności populacji (K). Rdzenne narody, które mają dowody demograficzne na istnienie specyficznej konkurencji wewnętrznej, powinny inwestować w tworzenie większej liczby wiosek, aby zmniejszyć negatywne skutki uszczuplenia lokalnych zasobów. Rozcieńczenie ludności mogłoby pozwolić na wyższe i zrównoważone K, podczas gdy rząd brazylijski nadal inwestuje w rozbudowę granic rolnych. Rząd brazylijski powinien inwestować w poprawę opieki zdrowotnej, tworzenie większej liczby informatyków i wiosek, aby złagodzić negatywne skutki wzrostu liczby ludności.

Interesy polityczne i ekonomiczne są głównymi przeszkodami w tworzeniu nowych technologii informatycznych i rozbudowie istniejących, o czym świadczy brak wpływu projektów rządowych i pozarządowych na demografię społeczności tubylczych. Międzynarodowy wzrost gospodarczy zwiększa popyt na brazylijskie surowce naturalne, zbliżając granice rolne do terytoriów tubylczych (IBGE 2014). Na przykład, wzięliśmy z terenu Banku Światowego sumę PKB per capita w Chinach i USA (jako niezależną zmienną) oraz produkcję życiową w Brazylii (zmienną zależną), ponieważ ekstensywna (w przeciwieństwie do intensywnej) hodowla jest odpowiedzialna za 70-80 % wylesiania. Znaleźliśmy prawie idealne dopasowanie liniowe (rys. 12) sugerujące, że międzynarodowy wzrost gospodarczy może napędzać rozwój granic rolnictwa. Jak wspomniano wcześniej, narody brazylijskie były, są i nadal będą dotknięte procesami makroekonomicznymi.

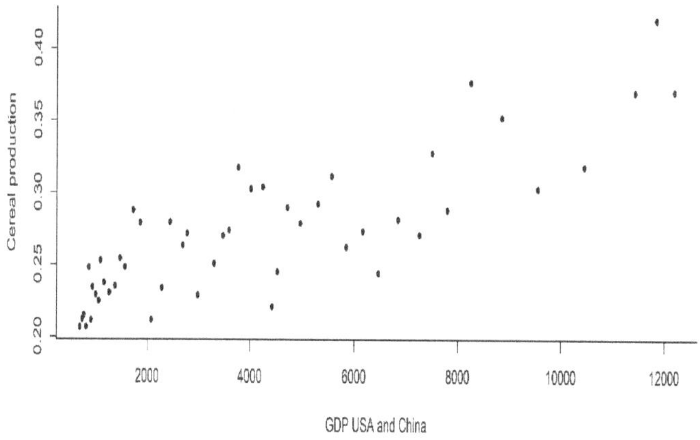

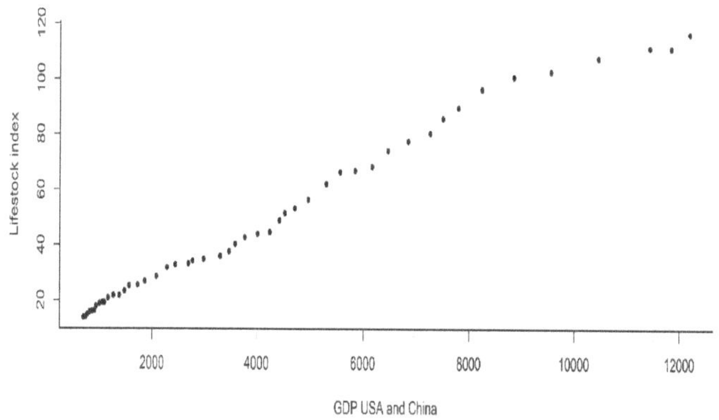

Rysunek 12. Zależności między PKB per capita w USA i Chinach (metoda atlasowa) a produkcją zbóż w Brazylii na mieszkańca (y=1E-05x+0,22, R2=0,678) i wskaźnikiem produkcji towarowej żywca (y=0,0095x + 8,9119, R2=0,9872). To wstępna eksploracja. Moglibyśmy również uwzględnić PKB per capita w Europie oraz inne zmienne, które mogłyby również pomóc w wyjaśnieniu rosnących zasobów życiowych, takich jak wydajność produkcji (m.in. technologia, sztuczna selekcja).

Jako znaczna część brazylijskiego PKB, agrobiznes ma silną reprezentację polityczną na kongresie brazylijskim, a jego zwolennicy są na ogół przeciwni prawom tubylców. W związku z tym liczba oficjalnie wyznaczonych informatyków drastycznie spadła podczas ostatnich rządów, a wylesianie na rzecz rolnictwa postępuje (Instituo Socioambiental 2011). Platforma niedawno wybranego prezydenta Jaira Bolsonaro wydaje się stanowić kontynuację tego trendu, więc wydaje się prawdopodobne, że społeczności tubylcze będą nadal cierpieć w wyniku przekonania społeczeństwa nierodzimego, że stanowią one przeszkodę dla wzrostu gospodarczego.

Szacunki PKB Brazylii nie obejmują bezpośrednio korzyści płynących z funkcji ekosystemów z rezerwatów przyrody (IBGE 2014). Jednak degradacja siedlisk i utrata funkcji naturalnych mają wpływ na rzeczywisty PKB. Na przykład, wylesianie i urbanizacja w regionie Amazonii zwiększyły częstotliwość występowania malarii, a w konsekwencji koszty rządowe opieki zdrowotnej (Amaral *i in.* 2001; Loioloa *i in.* 2002). Ponadto, Las Amazoński wpływa na reżim opadów deszczu poprzez wilgoć do południowo-wschodniego regionu, który posiada najbardziej zaludnione i ważne ośrodki przemysłowe w Brazylii. W związku z tym deficyt deszczu, produkt wylesiania, może mieć wpływ na koszty energii i wydajność przemysłu. W 2017 roku rząd usankcjonował nową ustawę (nr 13.493/17), która włącza koszty usług ekosystemów do szacunków PKB, ale sposób, w jaki szacunki te będą obliczane i kiedy ustawa zostanie wdrożona, jest nadal przedmiotem debaty. Jeśli i kiedy zostanie ona wdrożona, prawo może zmienić rzeczywisty paradygmat dotyczący przeszkód w rozwoju gospodarczym, z którymi borykają się obecnie informatycy.

Cele Zrównoważonego Rozwoju Narodów Zjednoczonych (ONZ 2017) obejmują cel "Promowanie mechanizmów zwiększania zdolności do skutecznego planowania i zarządzania w zakresie zmian klimatycznych w krajach najsłabiej rozwiniętych i małych rozwijających się państwach wyspiarskich, w tym koncentrowanie się na kobietach, młodzieży oraz społecznościach lokalnych i marginalizowanych". Brazylia była i wydaje się być zdecydowana kontynuować politykę sprzeczną z takimi działaniami na rzecz ograniczenia skutków zmian klimatu, ponieważ nadal napędza ona ekspansję granic rolnych. Utrata prawie 800 różnych języków w ciągu ostatnich stuleci stanowi nie tylko demograficzne ludobójstwo, ale także utratę rdzennego kapitału ludzkiego w postaci zdobywanej przez tysiąclecia wiedzy o środowisku lokalnym (LEK), w tym wiedzy o żywności i leczniczych gatunkach roślin, a także o naturalnych cyklach ekosystemów i świadczonych przez nie usługach[2]. Ponadto, LEK może być ważny dla programów zalesiania, jak zaobserwowano dziś w PIX-ie, gdzie

[2] Na przykład, Kawaiweté rozpoznaje ponad 200 gatunków roślin, które mogą być uprawiane dla celów rolniczych (Instituto Socioambiental 2011).

rdzenne społeczności zbierają nasiona do projektu mającego na celu rekultywację zdegradowanych wód powierzchniowych basenu hydrograficznego Xingu. Godne uwagi jest również to, że rolnictwo na małą skalę, praktykowane w społecznościach tubylczych, pozwala na większą różnorodność niż komercyjne monokultury i jest mniej dotknięte szkodnikami, zmniejszając zapotrzebowanie na pestycydy i ich stosowanie (Instituto Socioambiental 2011).

Odbudowa demograficzna ludności rdzennej w Brazylii pozwoliła na lepszą ochronę i nadzór terytorium, a także wewnątrz- i międzypaństwową mobilizację społeczną w celu wywarcia presji na rząd, aby zagwarantował prawa do ziemi, które mogą mieć wpływ na model odbudowy demograficznej. Na przykład, wzrost liczby ludności narodów Karitiana, Krikatí i Gavião Pykopjê pozwolił na lepszą organizację wewnętrzną i przyciągnął uwagę mediów, co ostatecznie doprowadziło do zagwarantowania praw do ziemi, zmieniając spadek R na wyższy. Mobilizacje międzypaństwowe wraz z wysiłkami prorodzennych organizacji pozarządowych i uniwersytetów działają na rzecz przeciwdziałania agrobiznesowi rządu (zob. https://pib.socioambiental.org/pt/Lista_de_organiza%C3%A7%C3%B5es_de_apoio_aos_povos_ind%C3%ADgenas).

Edukacja może być najlepszym sposobem budowania przyszłej świadomości społecznej w społeczeństwie brazylijskim, a także w społeczności międzynarodowej, na temat obecnej sytuacji i potencjalnego wkładu narodów tubylczych, a w szczególności przeciwdziałania świeckiemu paradygmatowi, że narody tubylcze stanowią zagrożenie dla wzrostu gospodarczego. Nowa narodowa baza programowa w Brazylii (zatwierdzona przez Kongres i Senat w 2017 r.) wyraźnie obejmuje w ramach historii waloryzację kultur afro- i tubylczych (ustawa nr 10.639/200349 i ustawa nr 11.645/200850). Jeśli te nowe wytyczne zostaną pomyślnie wdrożone, mogą zmienić społeczną i polityczną świadomość praw ludności tubylczej ustanowioną w Konstytucji z 1988 roku.

Wniosek

Większość prognoz demograficznych dotyczących dynamiki człowieka to deterministyczne lub stochastyczne prognozy aktualnych trendów oparte na wykładniczych lub szybszych od wykładniczych modeli wzrostu (Galor i Weil 2000; Lutz *i in.* 2006). Podejścia te są problematyczne, ponieważ nie są oparte na ogólnych zasadach dynamiki populacji. W konsekwencji większość prognoz dotyczących dynamiki populacji ludzkiej wynika z niewłaściwych modeli, ponieważ nie uwzględniają one skutków czynników ograniczających i potencjalnych pętli sprzężenia zwrotnego (Royama 1992; Berryman 1999). Badając dynamikę i najnowszą historię narodów tubylczych z odpowiednimi zasadami ekologicznymi, udało nam się skorelować zmienne i procesy egzogeniczne (takie jak wprowadzenie ochrony zdrowia i rozwój granic rolnictwa) z wielkością populacji. Zasady ekologiczne pomogły rozłączyć złożony wszechświat zmiennych, w którym żyją rdzenni mieszkańcy. Ramy zachęcają do hipotezowania i testowania procesów, które mogłyby wpłynąć na dynamikę populacji i mogłyby być łatwo stosowane w wielu społeczeństwach ludzkich.

Podziękowania

Chcielibyśmy podziękować wszystkim badaczom i członkom agencji rządowych i pozarządowych, którzy poświęcili swoje życie, by bronić praw rdzennych narodów do wytrwania.

Referencje

Abrera, B. G., Franky, C., E., C. i Mahecha, R., D. (1995). Demografia i mobilność społeczno-przestrzenna Nukaka Bogotá, COL: Fundacja Gaia.

Albert B. (1999) Instituto Socioambiental. Povos Indigenas do Brasil. https://pib.socioambiental.org/pt/povo/yanomami (data uzyskania: 2 stycznia 2018 r.).

Amaral, S., Câmara, G., Monteiro, A., M., V. (2001). Analiza przestrzenna procesu urbanizacji Amazonii. INPE.

Andrade, L. (1992). Ciało i kosmos: relacje między płciami i nadprzyrodzone między Asurini z Tocantins. [dysertacja/ praca magisterska] [São Paulo]: USP.

Allee, C., W. (1932). Agregacja zwierząt: badanie z zakresu socjologii ogólnej. Chicago, USA: University of Chicago Press.

Almeida, R., R. M. (2004). Tłumaczenia ewangelicznego fundamentalizmu. W R. M. Wright (red.), Transforming the Gods: Evangelical, Pentecostal and Neopentecostal Churches among the Indigenous Peoples in Brazil (str. 33-53), Campinas: UNICAMP Publishing House).

Andrade L. (1999) Instituto Socioambiental. Povos Indígenas do Brasil. https://pib.socioambiental.org/pt/povo/asurini-do-tocantins (data uzyskania: 2 stycznia 2018).

Arnaud, E. (1989). Indianie i ekspansja narodowa. *MPEG Cejup Bulletin*, 315-64.

Arnaud, E. (1989). Indianie z regionu Uaçá (Oiapoque) oraz oficjalna ochrona Brazylii. W: E. Arnaud (Ed.), The Indian and the National Expansion (str. 87-128). Betlejem: Cejup.

Arnaud, E. (1984). Indianie Palikúr rzeki Urucauá: tradycja plemienna i protestantyzm. Belém, BR: MPEG.

Arnaud, E. (1993). Kwestie środowiskowe na granicy Gujany Francuskiej i Oiapoki: Galibi, Karipuna i Palikur. W A. C. M. Santos (Ed.), Społeczeństwa rdzenne i przemiany środowiska (str. 47-60). Belém: UFPA-Numa.

Artionka C. (2012). Instituto Socioambiental. Povos Indígenas do Brasil. https://pib.socioambiental.org/pt/povo/palikur (data uzyskania: 2 stycznia 2018 r.).

Arruda, R. S. V. (1996). Prawa Rikbaktsa: interesy uniemożliwiają wyznaczenie granic obszaru rdzennego Escondido. W C. A. Ricardo (red.), Rdzenne Ludy w Brazylii: 1991/1995 (str. 579-582), São Paulo: Instituto Socioambiental.

Arruda, R. S. V. (1987). Sprawozdanie z oceny obszaru tubylczego Rikbaktsa-Japuíra i obszaru tubylczego Escondido. S.I: Fipe/Minter/Sudeco.

Arruda, R. S. V. (1992). Rikbaktsa: zmiana i tradycja. [dysertacja / doktorat] PUC.

Balée W. (1992). Ludy ugoru: historyczna ekologia żerowania na nizinach Ameryki Południowej. W K. Redford i C. K. Padoch (Ed.), Conservation of neotropical forests: working from traditional resource use (str. 35-57), Nowy Jork: Columbia Universty Press.

Barbosa, R. I., Pinto, F. D. S., i De Souza, C. C. (2008). Wylesianie w Roraima: Dane historyczne i rozkład przestrzenno-czasowy. Raport techniczny Ministerstwo Nauki i Technologii. Roraima, BR: IMPA.

Clay, E. P. (1989). The Bakairi. Brasília, BR: Fundacja Pró-Memória.

Barros, E. P. et al. (1994). Sprawozdanie historyczno-antropologiczne: Pośrednie działania wywłaszczeniowe - Sprawa nr 17624/86-V. Prawa autochtoniczne i antropologia: ekspertyzy w Mato Grosso MALDI (s. 96-174). Cuiabá: UFMT.

Barros E P. (1999). Instituto Socioambiental. Povos Indígenas do Brasil. https://pib.socioambiental.org/pt/povo/bakairi (data uzyskania: 2 stycznia 2018).

Bates, D. M. i Watts, D. G. (1988). Analiza regresji nieliniowej i jej zastosowania. Nowy Jork, USA: Wiley.

Baruzzi, R. G. (2005). Od Araguaia do Xingu. W Xingu Indigenous Park. Zdrowie, kultura i historia. São Paulo, BR: Ziemia Dziewica.

Belovsky, E. G. (1988). Optymalny, oparty na żerowaniu model dynamiki populacji myśliwych i zbieraczy. *J. z Anthr. Archae,* 7(4), 329-312.

Berryman, A. A., i Turczyn, P. (2001). Identyfikacja struktury zależnej od gęstości, stanowiącej podstawę ekologicznych szeregów czasowych. *Oikos*, 92(2), 265-270.

Berryman, A. A. (1999). Zasady dynamiki populacji i ich zastosowanie. USA: Stanley Hornes.

Boserup, E. (1965). Warunki rozwoju rolnictwa: Ekonomika zmian agrarnych pod presją demograficzną. USA: AldineTransaction.

Boserup, E. (1981). Populacja i zmiany technologiczne: Badanie trendów długoterminowych (p. xi). USA: University of Chicago Press.

Brando, PM., Coe MT., DeFries, RS., i Azevedo, A. (2013). Ekologia, gospodarka i zarządzanie rolno-przemysłowym krajobrazem przygranicznym w południowo-wschodniej Amazonii. Transakcje filozoficzne Towarzystwa Królewskiego B: Nauki Biologiczne. DOI: 10.1098/rstb.2012.0152.

Carrascal, L. M., et al. (2009). Częściowa regresja najmniejszych kwadratów jako alternatywa dla obecnych metod regresji stosowanych w ekologii. *Oikos*, 118(5), 681-690.

Rabbit, E. M. B. (1998). Oficjalna polityka Indii w dynamice sporu o ziemię: przypadek wytyczenia granic ziemi Krikati. W S. V. Barreira (Ed.), Cultura e política: tecidos do cotidiano brasileiro (str. 51-75). Forteca: UFCE.

Coutinho, J. W. (1989). Vale do Javari Indigenous Land Identification and Demarcation Report: GT Portarias n. 174/95 e 158/96. Brasília, BR: FUNAI.

Chu, C. Y. C., i Tai, C. (2001). Odporność ekosystemu, specjalistyczna adaptacja i spadek populacji: Nowoczesna teoria maltuzjańska. *Journal Population Economic*, 14(1), 7-19.

Crocker, W. H. (2002). Instituto Socioambiental. Povos Indígenas do Brasil. http://pib.socioambiental.org/pt/povo/canela-ramkokamekra (data uzyskania: 2 stycznia 2018 r.).

De Castro, V. E. (1988). Araweté. W L. A. Santos i L. M. Andrade, Hidrelétricas do Xingu i rdzennych mieszkańców (str. 179-184). São Paulo: CPI-SP.

De Castro, E. V. (2003). Instituto Socioambiental. Povos Indígenas do Brasil. https://pib.socioambiental.org/pt/povo/arawete (data uzyskania: 2 stycznia 2018).

De Queiroz, R. C. (2000). Instytut Społeczno-Środowiskowy. Rdzenna ludność Brazylii. https://pib.socioambiental.org/pt/povo/hixkaryana (data uzyskania: 2 stycznia 2018 r.).

De Oliveira, L. A. P., i De Oliveira, A. T. R. (2011). Refleksje na temat przesiedleń ludności w Brazylii. *IBGE*, 1-103.

Demolin, D., i Storto, L. (1980). Niektóre aspekty gospodarki żywnościowej Karitiany. *Arquivos de Anatomia e Antropologia*, 4, 225-241.

Early, J. D. i Peters, J. P. (1990). Dynamika populacji Mucajai Yanomama. San Diego, USA: Academic Press.

Elton, C, S. (1958). Ekologia inwazji zwierząt i roślin. Londyn, Wielka Brytania: Chapman i Hall.

Fagundes U., Kopelman, B., Oliva, C. A. G., Baruzzi, R. G. i Fagundes-Neto, U. (2004). Ocena stanu odżywienia i składu ciała dzieci z Indii Upper Xingu i Ikpeng. *Journal of Pediatrics*, 80(6), 483-489.

Fearnside, P. M. (2005). Wylesianie w brazylijskiej Amazonii: historia, wskaźniki i konsekwencje. *Megadiversity*, 1(4), 113-123.

Ferreira, M. K. L. (1994). Opowieści z Xingu: zbiór świadectw z Suyá, Kayabi, Juruna, Trumai, Txucarramãe i Txicão Indianie. São Paulo, BR: USP.

Syn, A. C., i de Souza, O. B. (2009). Atlas nacisków i zagrożeń dla rdzennych mieszkańców Brazylii w Amazonii. São Paulo, BR: Instytut Społeczno-Środowiskowy (Socio-environmental Institute).

Flowers, N. (1994). Kryzys demograficzny i odbudowa: studium przypadku Xavante z Pimentel Barbosa. In K. P. Adams and D. P. Junior (Ed.), The demography os small-scale societies: case studies from lowland South America (pp. 18-36). Bernnington: Bernnington College.

Fortuna, D. L., i Fortuna, G. (1948). Carajá. *Handbook of South American Indians*, 3, 179-191.

Frikel, P. (1972). Migracja, wojna i przetrwanie Sui. *Journal of Anthropology. USP*, 20, 105-36.

Gallois, D. T. 1997. Instituto Socioambiental. Povos Indígenas do Brasil. https://pib.socioambiental.org/pt/povo/wajapi (data uzyskania: 2 stycznia 2018).

Galor, O., i Weil, D. N. (2000). Ludność, technologia i wzrost: Od maltuzjańskiej stagnacji do przemian demograficznych i nie tylko. *The American Economic Review*, 90(4), 806-828.

Galvão, E. (1979). Notatki na temat Indian Kamaiurá. *Studia brazylijskie*, 29, 17-38

Garfield, S. (2001). Rdzenna walka w sercu Brazylii: polityka państwa, ekspansja przygraniczna, indianie Xavante, 1937-1988. Durhan, Wielka Brytania: Duke University Press.

Gonçalvez, J. R. S. (1981). Walka o tożsamość społeczną: przypadek relacji między Indianami a białymi w Brazylii Środkowej. [dysertacja/ praca magisterska] [Rio de Janeiro]: UFRJ-Museu Nacional.

Ginzburg, L. R. (1986). Teoria dynamiki populacji: powrót do pierwszych zasad. *Journal of Theoretical Biology*, 122(4), 385-399.

Gomes, M. P. (2000). Indianie i Brazylia. Gainesville. Floryda, USA: University Press of Florida.

Grahan, L. (2008). Instituto Socioambiental. Povos Indígenas do Brasil. http://pib.socioambiental.org/pt/povo/xavante (data uzyskania: 2 stycznia 2018).

Gregory, S. D., Bradshaw, J. A., Brook, B. W. i Courchamp, F. (2010). Ograniczone dowody na występowanie efektu Allee demograficznego wielu gatunków w różnych taksówkach. *Ekologia*, 91(7), 2151-2161.

Grenand, P. (1992). Wykorzystanie i znaczenie kulturowe lasu wtórnego wśród Indian Wayapi, w zrównoważonym pozyskiwaniu i sprzedaży produktów z lasów deszczowych. W M. J. Plotkin i L. Famolare (Ed.), Conservation International (str. 27-40), Waszyngton: Island Press.

Guggelminę, S. A. (2001). Antropometria żywienia i ekologia człowieka Xavante de Sangradouro - Volta Grande, Mato Grosso. [dysertacja/PhD] [Rio de Janeiro]: FIOCRUZ.

Hamilton, M. J., Burger, O., DeLong, J. P., Walker, R. S., Moses, M. E., i Brown J. H. (2009). Stabilność populacji, współpraca i niewidzialność gatunku ludzkiego. *Postępowanie Narodowej Akademii Nauk Stanów Zjednoczonych Ameryki*, 106(30), 12255-12260.

Hill, K., i Hurtado, M. (1996). Ache life history: the ecology and demography of a foraging people. Nowy Jork, USA: Aldine de Gruyter.

Hill, K., i Kaplan, H. (1999). Cechy historii życia u ludzi: teoria i badania empiryczne. Roczny Przegląd Antropologii, 28 (1), 397-430.

Hopfenberg, R. (2003). Nośność ludzi jest uzależniona od dostępności żywności. *Populacja i środowisko*, 25(2), 109-117.

Hotz, V. J., i Miller, R. A. (1988). Empiryczna analiza cyklu życia płodności i podaży pracy kobiet. *Econometrica*, 56(1), 91-118.

Brazylijski Instytut Geografii i Statystyki. (2010). Spis Powszechny 2010: Ogólna charakterystyka ludności autochtonicznej - Wyniki Wszechświata. Brazylia: IBGE.

Brazylijski Instytut Geografii i Statystyki. (2014). Wskaźniki IBGE. Wskaźniki wolumenu i wartości bieżącej. Kwartalne rachunki narodowe IBGE, 4, 1-40.

Instytut Społeczno-Środowiskowy. (2011). Almanac Environmental Partner Xingu Indigenous Park 50 lat. São Paulo, BR: Instytut Społeczno-Środowiskowy (Socio-environmental Institute).

Junior, C. E. A. C. , Flowers, N. M., Salzano, F. M. , i Santos, R. V. (2002). Xavante w okresie przejściowym: zdrowie, ekologia i bioantropologia w Brazylii Środkowej. Michigan, USA: University of Michigan Press.

Junior, C. E. A. C. (1985). Badania w zakresie ekologii człowieka na terenie Parku Rdzennego Aripuanã, Rondônia: Aspekty żywnościowe. *MPEG Bulletin, Anthropology Series*, 2(2), 57-87.

Junior, C. E. A. C. (1989). Od przestawienia upraw na uprawę kawy: wpływ zmian na zdrowie i ekologię Indian Suruí w brazylijskiej Amazonii. [rozprawa doktorska/rozprawa doktorska] [Indiana: Uniwersytet Indiana]

Junior, C.E.A., i Santos, R.V. (1991). Ocena stanu odżywienia w kontekście zmian społeczno-gospodarczych: rdzenna grupa Surui ze stanu Rondônia w Brazylii. Cadernos de Saúde Pública, Rio de Janeiro Fiocruz, 7 (4), 538-562.

Junqueira, C. (1967). Os Kamaiurá e o Parque Nacional do Xingu. [dysertacja/PhD] [Campinas] Unicamp.

Junqueira, C. , Lima, A. i Lafer, B. (1982). Ziemia i konflikt w Aripuanã Park: sprawa Surui. W S. C. Santos (Ed.), The Indianin before the Law (str. 111-116). Florianópolis: UFSC.

Junqueira C. (2003). Instytut Społeczno-Środowiskowy. Rdzenna ludność Brazylii. https://pib.socioambiental.org/pt/povo/kamaiura (data uzyskania: 2 stycznia 2018 r.).

Junqueira, C. (2002). Seks i nierówność między Kamaiurą a Broad Beltem. São Paulo, BR: CAPES.

Kaplan, H. (1996). Teoria płodności i inwestowania rodziców w tradycyjne i nowoczesne społeczeństwa ludzkie. *Am. J. Phys. Anthropol*, 101(39), 91-135.

Ladeira, M.E., i Azanha, G. (2005). M., E., L. Instytut Społeczno-Środowiskowy. Rdzenna ludność Brazylii. https://pib.socioambiental.org/pt/povo/gaviao-pykopje (data uzyskania: 2 stycznia 2018 r.).

Ladeira, M. E., i Azanha, G. (2005). Instituto Socioambiental. Povos Indigenas do Brasil. http://pib.socioambiental.org/pt/povo/krikat (data uzyskania: 2 stycznia 2018).

Ladeira, M.E., i Azanha, G. (1996). Obecna Timbira i spór terytorialny. W C. A. Ricardo (Ed.), ludność rdzenna w Brazylii: 1991/1995 (str. 637-641). São Paulo: Instytut Społeczno-Środowiskowy (Socio-environmental Institute).

Ladeira, M., E. (1991). Krikati: długi proces uznania ich ziemi. W C. A. Ricardo (Ed.), ludność rdzenna w Brazylii: 1987/88/89/90 (str. 491-492). São Paulo: Poddałem się.

Ladeira, M. E., i Azanha, G. (2003). Instituto Socioambiental. Povos Indigenas do Brasil. https://pib.socioambiental.org/pt/povo/apinaye (data uzyskania: 2 stycznia 2018 r.).

Lanna, A. D. (1966). Ekonomiczne aspekty organizacji społecznej Kĩsêdjê. [dysertacja/ praca magisterska] [São Paulo]: USP.

Prosiaczek, A.V.N.A. (1995). Obrona praw ludności tubylczej w sądownictwie: działania proponowane przez Jądro Praw Rdzennych. São Paulo, BR: Instytut Społeczno-Środowiskowy (Socio-environmental Institute).

Lemos, A. L. F., i Silva, J. D. A. (2011). Wylesianie w legalnej Amazonii: ewolucja, przyczyny, monitorowanie i możliwości łagodzenia skutków za pośrednictwem funduszu Amazonii. *Forest and Environment*, 18(1), 98-108.

Lima, M. (2009). Związek pomiędzy północnoatlantycką oscylacją a dynamiką odry w okresie szczepień w Anglii i Walii. *Listy ekologiczne*, 12(4), 302-314.

Lima, M., i Berryman, A., A. (2011). Pozytywne i negatywne sprzężenia zwrotne w dynamice populacji ludzkiej: przyszła równowaga czy upadek? *Oikos*, 120(9), 1301-1310.

Lima, M. (2014). Zmiany klimatyczne i załamanie się populacji podczas "Wielkiego Głodu" w Europie przedprzemysłowej. *Ecology and Evolution*, 4(3), 284-91.

Lima, M., Christie, D. A., Santoro, M. C. i Latorre, C. (2016). Powiązane zmiany społeczno-środowiskowe spowodowały wyludnienie się rdzennej ludności Aymara w Andach Półpustynnych Tarapacko-Chile pod koniec XIX-20. wieku. PLoSONE, 8. e0160580. doi:10.1371/journal.pone.0160580.

Lima, T. S. (2001). Instituto Socioambiental. Povos Indigenas do Brasil. https://pib.socioambiental.org/pt/povo/yudja (data uzyskania: 2 stycznia 2018).

Loiola, C., C., P., da Silva, C., J., M., Tauil, P., L. (2002). Kontrola malarii w Brazylii: 1965-2001. Pan Am J Zdrowie publiczne 11(4).

Longarezi, A. M. (1993). Kajabi. Rdzenna ziemia, Araraquara. *Centre for Indian Studies*, 10, 40-50.

Lotka, A. J. (1925). Elementy biologii fizycznej. Baltimore: Williams i Wilkins. Przedrukowano jako elementy biologii matematycznej. Nowy Jork, USA: Dover Publications.

Luděk, B., Angulo, E., i Courchamp, F. (2006). Wielokrotne efekty allee i zarządzanie populacją. *TRENDS in Ecology and Evolution*, 22(4), 185-191.

Lutz, W., Teta M. R. , i Penn, D. J. (2006). Gęstość zaludnienia jako kluczowy czynnik zmniejszający płodność człowieka. *Ludność i środowisko*, 28(2), 69-81.

Machado, M., Pagliaro, H., i Baruzzi, R. G. (2009). Profil demograficzny Hupd'ah, mieszkańcy Maku z regionu Upper Rio Negro, Amazonas (2000-2003). *R. Bras. Est. Pop.* , 26(1), 37-50.

MacArthur, R. H. (1955). Wahania populacji zwierząt i miara stabilności wspólnoty. *Ekologia*, 36(3), 533-536.

Maia, S. F., De Albuquerque, R. O., Pagliaro, H., Rodrigues, D., i Baruzzi, R. G. (2004). Odbudowa populacji Txicão (Ikpeng), rdzenny park Xingu, Mato Grosso, Brazylia. Obrady XIV Ogólnopolskiego Spotkania Studiów Ludnościowych. Caxambu, BR: Caxambu.

Malthus, R. T. (1798). Esej na temat zasady populacji jako jej affects przyszłej poprawy społeczeństwa; z uwagami na temat spekulacji pana Godwina, M. Condorceta i innych pisarzy. Londyn, Wielka Brytania: J. Johnson.

Melatti J C. (1998). Instituto Socioambiental. Povos Indígenas do Brasil. https://pib.socioambiental.org/pt/povo/marubo (data uzyskania: 2 stycznia 2018).

Montagner, D., i Melatti, J. C. (1975). Relatórios sobre os índios Marúbo. Brasilia, BR: UnB.

Menget P. (2003). Instituto Socioambiental. Povos Indígenas do Brasil. https://pib.socioambiental.org/pt/povo/ikpeng (data uzyskania: 2 stycznia 2018 r.).

Medeiros, L. (2000). Dynamika populacji Waiãpi w Brazylii: Demograficzny wgląd w zmieniające się zachowania reprodukcyjne rdzennej kultury. [rozprawa doktorska/Bachalor's teza] [chicago] Uniwersytet w Chicago.

McSweeney, K., i Shahna, A. A. (2005). Zmiana demograficzna: szybki wzrost liczby ludności autochtonicznej na nizinach Ameryki Łacińskiej. *Latin American Research Review*, 40(1), 3-29.

Melatti, J. C. (1993). Índios do Brasil. São Paulo, BR: Hucitec.

Melatti J C. (1999). Instituto Socioambiental. Povos Indigenas do Brasil. https://pib.socioambiental.org/pt/povo/kraho (data uzyskania: 2 stycznia 2018).

Melatti, J. C. (1994). Craho. W Wilbercie (red.), Encyklopedia Kultur Świata (s. 135-139). Boston: G. K. i CO.

Mevik, B. H., i Wehrens, R. (2007). Pakiet pls: główne składniki i częściowa regresja najmniejszych kwadratów w R. J. Stat. Oprogramowanie, 18 (2), 1-24.

Monteiro, M.E.B. (1984). Raport o Indianach z Karitiany - Stan Rondonia. Rio de Janeiro, BR: SEDOC-FUNAI.

Moser, L. (1997). Karitianie w procesie rozwoju Rondonii w latach 50. do 90. ubiegłego wieku. [dysertacja/ praca magisterska] [Recife]: UFPE.

Mindlin B. (2003). Instituto Socioambiental. Povos Indigenas do Brasil. https://pib.socioambiental.org/pt/povo/surui-paiter (data uzyskania: 2 stycznia 2018). '

Mindlin, B. (1985). Os Paiter: os Suruí de Rondônia. Petrópolis, BR: Vozes.

Mindlin, B. (1991). The Paiter: dwadzieścia lat później. W C. A. Ricardo (Ed.), Rdzenni mieszkańcy Brazylii: 1987/88/89/90 (str. 437). São Paulo: Poddałem się.

Naes, T., i Martens, H. (1985). Porównanie metod prognozowania dla danych wieloliniowych. Communications in Statistics, Simulation and Computation, 14 (3), 545-576.

Newton, D. (1971). Społeczny i historyczny wymiar kultury materialnej Timbira. Cambridge, USA: Uniwersytet Harvarda.

Nilsson, M. S. T., i Fearnside, P. M. (2011). Mobilność Yanomami i jej wpływ na krajobraz leśny. *Ekologia człowieka*, 39(3), 235-256.

Ninuendajú, C. (1976). Mieszkanie Timbíry. In E. Schaden (Ed.), Leituras de etnologia brasileira (str. 44-62). São Paulo: National Publishing Company.

Ninuendajú, C. (1948). Cayabi, Tapanyuna, i Apiaca. W: J. H. Steward (Ed.), Handbook of South American Indians (str. 307-320). Washington: Smithsonian Institution.

Ninuendajú, C. (1948). Plemiona dolnej i środkowej rzeki Xingu. W: J. Steward, Handbook of South American Indians (str. 213-243). Washington: Smithsonian Institution.

Ninuendajú, C. (1983). Os Apinayé. Belém, BR: MPEG.

Oakdale, S. R. (1996). Siła doświadczenia: pośrednictwo i tożsamość w uzdrawianiu Kajabi i proces polityczny w parku Xingu Indigenous Park. [dysertacja/PhD] [Chicago] Uniwersytet w Chicago.

Oberg, K. (1948). Bacairi z północy Mato Grosso. *Southwesten Journal of Anthropology*, 4(3), 305-319.

Oberg, K. (1953). Camayurá. W plemionach indyjskich północnego Mato Grosso, Brazylia (str. 1-68). Washington: Smithsonian Institution.

Odum, E. P. (1953). Podstawy ekologii. Philadelphia, USA: Saunders.

Oliveira, A. E. (1969). Indianie Juruna z Górnego Xingu. [dysertacja/PhD] Wydział Filozoficzny Rio Claro.

Orellana, J. Y. D., Junior, C. E. A. C., Lourenço, A. E. P. i Santos, R., V. (2006). Status żywieniowy i anemia u indyjskich dzieci z Suruí, brazylijskiej amazonki. *Jornal de Pediatria*, 82(5), 383-388.

Pagliaro, H., i Junqueira, C. (2007). Odbudowa demograficzna i płodność mieszkańców Kamaiurá, Tupi z Xingu Indigenous Park, Środkowa Brazylia, 1970-2003. *Zdrowie i społeczeństwo*, 16(2), 37-47.

Pagliaro, H. (2002). Demograficzna rewolucja ludów tubylczych: doświadczenie Kaiabi w parku Xingu Indigenous Park, Mato Grosso (1970-1999). [dysertacja/PhD] [São Paulo]: USP.

Pagliaro, H., Azevedo, MM., i Santos, RV. (2005). Demografia ludności rdzennej w Brazylii. FIOCRUZ, BR: Rio de Janeiro.

Pagliaro, H., Junqueira, C., Mendaña, L. G. S., Mendonça, S. B. i Baruzzi, R. G. (2008). Dynamika demograficzna Kamaiurá, mieszkańcy Tupi z Xingu Indigenous Park, Mato Grosso, Brazylia, 1970-1999. *Revista Brasileira de Estudos de População*, 25(2), 377-388.

Pagliaro, H., Mendonça, S., i Baruzzi, R. (2009). Płodność i zdrowie reprodukcyjne kobiet Suyá (Kisędźnię): aspekty demograficzne i kulturowe. *CRH Booklet*, 22(57), 479-491.

Paula, L. R. (2005). Rdzenne ziemie cierpią z powodu presji agrobiznesu. W C. A. Ricardo i F. Ricardo (Ed.), Rdzenni mieszkańcy Brazylii (str. 737-739). São Paulo: Instytut Społeczno-Środowiskowy (Socio-environmental Institute).

Pennington, R., i Harpending, H. (1988). Fitness i płodność wśród Kalahari! Kung. American Journal of Physical Anthropology, 77 (3), 303-319.

Picchi, D. S. (2000), The Bakairi Indians of Brazil; polityka, ekologia i zmiany. Indiana, USA: Waveland Press.

Picchi D S. (2003). Instituto Socioambiental. Povos Indigenas do Brasil. https://pib.socioambiental.org/pt/povo/nahukua (data uzyskania: 2 stycznia 2018).

Pozzobon, J. (1994). Demograficzne minimum egzogamicznego systemu połówek. *Revista Brasileira de Estudos Populacionais*, 11(2), 139-154.

Reid, H. (1979). Niektóre aspekty ruchu, wzrostu i zmian wśród Indian Hupdu Maku w Brazylii [dysertacja/PhD], [Cambridge (IL)]: Uniwersytet w Cambridge.

Ribeiro, D. (1956). Współistnienie i zanieczyszczenie. Dysocjacyjne skutki wyludnienia spowodowanego przez epidemie dla grup tubylczych. *Socjologia*, 18, 3-50.

Ribeiro, D. (1970). Indianie i cywilizacja. Integracja rdzennej ludności we współczesnej Brazylii. Civilização Brasileira, BR: Rio de Janeiro.

Ricardo, C.A. (2000). Rdzenna ludność Brazylii: 1996-2000. São Paulo, BR: Instytut Społeczno-Środowiskowy (Socio-environmental Institute).

Rodrigues, A. J. (1994). Ekologia Indian Kajabskich z Xingu, Brazylia: zarządzanie glebą i agroleśnictwem. [dysertacja/PhD] [Cambridge] Uniwersytet w Cambridge.

Rodrigues P M. (2010). Instituto Socioambiental. Povos Indigenas do Brasil. https://pib.socioambiental.org/pt/povo/javae (data uzyskania: 2 stycznia 2018).

Royama, T. (1992). Analityczna dynamika populacji. Londyn: Chapman i Hall.

Salomão, R. D. P., et al. (2007). Lasy Belo Monte na wielkim zakręcie rzeki Xingu, wschodniej Amazonii. *Bolletim do Museu Paraense Emílio Goeldi Ciências Humanas*, 2(3), 57-153.

Seeger A. (2003). Instituto Socioambiental. Povos Indigenas do Brasil. http://pib.socioambiental.org/pt/povo/kisedje (data uzyskania: 2 stycznia 2018 r.).

Simões, M.E. (1963). "Txikao" i inne marginalne plemiona górnego Xingu. Ksiądz *Museu Paulista, São Paulo*, 14, 76-105.

Schultz, H. (1962). Informacje etnograficzne o Indianach Kĩsêdjê, 1960. Ksiądz *Museu Paulista, São Paulo*, 13, 315-32.

Seeger, A. (1980). Tożsamość etniczna jako proces: Indianie Kĩsêdjê i społeczeństwa Górnego Xingu. *Rocznik Antropologiczny, Rio de Janeiro: Tempo Brasileiro*, 78, 56-75.

Senra K. (1999). Instituto Socioambiental. Povos Indigenas do Brasil. https://pib.socioambiental.org/pt/povo/kawaiwete (data uzyskania: 2 stycznia 2018).

Silva, G. M da. (1999). Rolnictwo Kaiabi i Yudja w północnym krajobrazie Xingu Indigenous Park. São Paulo, BR: Instytut Społeczno-Środowiskowy (Socio-environmental Institute).

Smith, E, A., i Winterhalder, B. (2003). Ludzka ekologia behawioralna. *Encyklopedia Kognitywistyki*, 2, 377-385.

Storto L i Ferreira F. (2005). Instituto Socioambiental. Povos Indigenas do Brasil. http://pib.socioambiental.org/pt/povo/karitiana (data uzyskania: 2 stycznia 2018 r.).

Tavares, S. C. (1994). Ponowne dojrzewanie w Ipawu Kamayurá: podejście biokulturowe. [dysertacja/ praca magisterska] [Campinas]: UNICAMP.

Tobias, R. D. (2003). Wprowadzenie do częściowej regresji najmniejszych kwadratów. http://www.ats.ucla.edu/stat/sas/library/pls.

Toral, A. A de. (1981). Jawy i obrona ich ziemi. São Paulo, BR: Globalny.

Turchin, P. (2001). Czy ekologia ludności ma ogólne prawa? *Oikos*, 94(1), 17-26.

ONZ. (2017). Sprawozdanie z realizacji celów zrównoważonego rozwoju. Genewa: Organizacja Narodów Zjednoczonych.

Viertler, R. B. (1969). Kamayurá of the Upper Xingu: analiza procesu integracji plemienia w obszarze akulturacji międzyplemiennej. [dysertacja/ praca magisterska] [São Paulo]: IEB.

Villas Bôas, A. (1996). Kĩsêdjê walczą o zachowanie swojego terytorium. W C. A. Ricardo (Ed.), ludność rdzenna w Brazylii: 1991/1995 (str. 618-621). São Paulo: Instytut Społeczno-Środowiskowy (Socio-environmental Institute).

Villas Bôas, C. i Villas Bôas, O. (1994). Marsz na zachód: epopeja ekspedycji Roncador-Xingu. São Paulo, BR: Globo.

Verhulst, P. F. (1838). Zawiadomienie o prawie, które ludność przestrzega w swoim przekroczeniu. Zgadza się. Matematyka. Phys, 10, 113-121.

Wagley, C. (1951). Wpływy kulturowe na ludność: porównanie dwóch plemion Tupi. São Paulo, BR: Museu Paulista.

Walker, R., et al. (2006). Wskaźniki wzrostu i historii życia w dwudziestu dwóch małych społeczeństwach. *American Journal of Human Biology*, 18(3), 295-311.

Wurker, E. (1999). Zdrowie naszej społeczności: ludów Matipu, Kalapalo i Nahukua. São Paulo, BR: Instytut Społeczno-Środowiskowy (Socio-environmental Institute).

FSC
www.fsc.org
MIX
Papier | Fördert
gute Waldnutzung
FSC® C083411

Kolibri 360 GmbH
Ferdinand-Jühlke-Straße 7
99095 Erfurt, Deutschland
produktsicherheit@kolibri360.de

Druck:
CPI Druckdienstleistungen GmbH
im Auftrag der
Kolibri 360 GmbH
Ferdinand-Jühlke-Str. 7
99095 Erfurt